贵州省一流学科建设项目（黔教XKTJ〔2020〕23）

贵州省科技计划项目（黔科合平台人才〔2019〕5620号）

高突矿井区域防突技术

苏　静　谢小平／著

中国矿业大学出版社

·徐州·

内容提要

本书全面系统地阐述了高瓦斯突出矿井区域防突的基本原理及方法,内容包括高突矿井区域卸压防突技术综述、高突矿井保护层卸压开采技术、高突矿井沿空掘巷卸压防突技术、高突矿井切顶卸压技术、高突矿井半煤岩工作面卸压技术等。本书内容丰富、层次清晰,具有先进性和实用性。

本书可作为安全工程专业、采矿工程专业及相关专业的研究人员和工程技术人员的参考书。

图书在版编目(CIP)数据

高突矿井区域防突技术 / 苏静,谢小平著. — 徐州:
中国矿业大学出版社,2021.5
ISBN 978 - 7 - 5646 - 5028 - 5

Ⅰ.①高… Ⅱ.①苏… ②谢… Ⅲ.①矿井—煤突出
—防突措施 Ⅳ.①TD713

中国版本图书馆 CIP 数据核字(2021)第 100064 号

书　　名	高突矿井区域防突技术
著　　者	苏　静　谢小平
责任编辑	王美柱
出版发行	中国矿业大学出版社有限责任公司
	(江苏省徐州市解放南路　邮编 221008)
营销热线	(0516)83884103　83885105
出版服务	(0516)83995789　83884920
网　　址	http://www.cumtp.com　**E-mail**:cumtpvip@cumtp.com
印　　刷	江苏淮阴新华印务有限公司
开　　本	787 mm×1092 mm　1/16　**印张** 8.25　**字数** 206 千字
版次印次	2021 年 5 月第 1 版　2021 年 5 月第 1 次印刷
定　　价	48.00 元

(图书出现印装质量问题,本社负责调换)

前　言

　　近年来,虽然国家大力发展以核能、风能、太阳能等为代表的新型能源,但煤炭作为我国的主体能源,将在相当长的时期内保持能源占比第一的地位。在此背景下,保证煤炭的安全高效生产对我国能源安全乃至国民经济和社会发展具有十分重要的意义。

　　目前,贵州省煤矿大多以高瓦斯突出矿井煤层群开采为主,且高瓦斯矿井占95％以上,其中357对矿井为突出矿井。现有的瓦斯矿井主要特点是开采深度大、瓦斯压力大、瓦斯含量高,具有低透气性、可压密性和易流变性"三性"特征。由于具有特殊的煤层赋存特征、独特的地貌特征和复杂的地质构造特征,贵州省煤层透气性比较差。煤与瓦斯突出已成为贵州省煤矿井下较为严重的灾害之一。

　　本书采用理论分析、数值模拟、实验室研究、现场考察以及防突效果验证相结合的方法,对某煤矿上保护层开采进行了系统的研究。以国内外保护层开采的大量理论研究成果、实测数据和资料为依据,充分论证了该煤矿上保护层开采的可行性和必要性;采用理论分析和数值模拟方法进行了保护层开采定性分析;现场实测了保护层开采前、开采中、开采后被保护层11#煤层诸多参数变化特征,分析了保护层保护效果,初步确定了11#煤层沿走向、倾向的受保护范围。在保护层开采后,根据钻屑瓦斯解吸指标 K_1 值和掘进期间巷道瓦斯涌出量变化规律进行了工作面防突效果验证。且为确保突出煤层巷道布置在卸压消突范围内,降低煤巷掘进过程中的突出危险性,实现煤巷安全高效掘进,以该煤矿为例,实施了41113工作面回风巷留5 m煤柱沿空掘巷技术。结合采空区侧向支承应力及瓦斯压力分布规律,通过数值模拟和突出危险性现场考察,确定了沿空掘巷卸压消突合理煤柱宽度。

　　本书通过构建高突矿井煤层群薄煤层开采采场围岩力学模型,研究薄煤层切顶沿空巷道围岩变形的特征和破坏机理,以及切顶卸压爆破沿空护巷机理和护巷实施关键技术;设计双向聚能预裂顶板爆破及切顶卸压沿空留巷支护方案,研究薄煤层上保护层无煤柱开采的下伏邻近煤层群全面卸压机理及卸压效果。保护层开采是进行低透气性高瓦斯突出煤层群卸压防突的有效办法。本书针对煤层群中不具备常规保护层开采条件及消除被保护层卸压盲区的问题,提出了半煤岩保护层工作面无煤柱开采技术的解决思路;通过理论分析得出半煤岩工作面采高与下部煤层卸压的关系,并分析上保护层无煤柱开采消除卸压盲区的机理;基于某煤矿地质条件,采用数值模拟分析得出:被保护层膨胀变形量随着保护层开采厚度的增加大致成线性增长,被保护层卸压盲区宽度随着保护层工作面间煤柱宽度的增加大致成线性增长,当上保护层采用无煤柱开采时,下被保护层中的卸压盲区消失。

　　在撰写本书的过程中,得到了六盘水师范学院陈才贤教授、杨军伟教授、张鹏教授、刘洪洋副教授、刘建刚副教授、包从望副教授的帮助;还得到了中国矿业大学梁敏富博士、吴刚博士、尉瑞博士、刘晓宁博士的帮助;另外,得到了贵州水城矿业(集团)有限责任公司、贵州盘江煤电集团有限责任公司、华晋焦煤有限责任公司有关领导和工程技术人员的大力支持和帮助,他们提供了大量的资料和素材。在此,笔者一并表示诚挚的感谢!

书中还引用了一些前人的研究成果与实测数据,未完全标出,在此表示诚挚的感谢!

由于笔者经验和水平所限,书中难免有疏漏和欠妥之处,敬请读者不吝指正。联系地址:贵州省六盘水市六盘水师范学院矿业与土木工程学院,邮编:553004,E-mail:xiaopingxie@163.com。

著　者

2021 年 3 月

目　　录

1 高突矿井区域卸压防突技术综述

1.1 高突矿井开采概述

我国西南部分矿区由于特殊的喀斯特地貌特征,具有复杂的构造地质条件和独特的煤层赋存特点,从而导致煤层透气性比较差,特别是随着矿井开采深度的不断增加,地应力随之增大,矿井在开采下部煤层时发生煤与瓦斯突出的危险性不断增加。煤与瓦斯突出灾害已成为贵州省煤矿井下较为严重的灾害之一。以 2010 年为例,25 起瓦斯事故中,煤与瓦斯突出事故 9 起,造成 46 人死亡,分别占瓦斯事故起数及死亡人数的 36% 和 40.7%。这些突出事故,造成了重大的人员伤亡和巨大的经济损失。因此,贵州省必须找到防治煤与瓦斯突出的有效途径,从根本上治理瓦斯超限和煤与瓦斯突出问题,以确保安全生产。

水城矿区地理坐标为:北纬 $26°32'—26°49'$,东经 $104°34'—105°02'$,总面积约 6 800 km^2,南北宽 66 km,东西长 110 km。贵州水城矿业(集团)有限责任公司本部位于矿区中心(六盘水市政府所在地),距省城贵阳约 249 km。矿区煤系为上二叠统龙潭组(宣威组)。水城矿区可采煤层群赋存稳定,主采煤层厚度较大,且煤层倾角较小,有利于矿井安全高效开采。然而,随着矿井开采强度增大,不断向下部煤层延伸,开采深度增加导致地应力和瓦斯压力急剧上升,对矿井安全生产的威胁日益严重。该矿区主采煤层相对瓦斯涌出量在 $15\sim22$ m^3/t 之间,绝对瓦斯涌出量达 400 m^3/min,单个采煤工作面瓦斯涌出量最大达 $100\sim150$ m^3/min,巷道掘进时绝对瓦斯涌出量高达 10 m^3/min,综放工作面绝对瓦斯涌出量为 $40\sim70$ m^3/min。该矿区投产以来共发生 45 次"一通三防"事故,仅 2000 年以来就发生 6 次重特大瓦斯爆炸事故,发生 73 次煤与瓦斯突出,最大突出强度 703 t/次,平均突出强度 115.86 t/次左右,并造成过重大人员伤亡,被列为全国重点监控的矿区。所以,煤与瓦斯突出已成为影响该矿区安全高效开采的关键因素。尤其是该矿区 11# 煤层的瓦斯含量和瓦斯涌出量较大,煤与瓦斯突出比较严重,即使采取了抽排瓦斯措施,依然发生了 37 次煤与瓦斯突出,而且突出强度较大,给安全生产带来极大威胁。同时,由于 11# 煤层采用综采工艺,推进速度较快,瓦斯的大量涌入和煤与瓦斯突出灾害的制约,给矿井正常生产接替造成紧张局面。国内外瓦斯治理实践表明:保护层开采结合钻孔预抽瓦斯是较经济有效的防治煤与瓦斯突出和冲击地压等动力灾害的措施之一。水城矿区客观上具有开采保护层的条件,从长远角度出发,开采保护层,经过一段时间的采掘部署关系合理调整,对矿井安全生产和正常接替是必要的。

贵州水城矿业(集团)有限责任公司某煤矿,矿井设计生产能力 90 万 t/a,采用平硐+斜井开拓方式。该煤矿局部可采和可采煤层的总厚度为 $5.55\sim18.48$ m,平均为 11.27 m,主要可采煤层为 2#、4#、11# 煤层,局部可采煤层为 7#、8#、9# 煤层。研究决定将煤层组上部瓦斯含量相对较小的煤层作为保护层进行开采,保护具有严重突出危险的下部煤层,这样由上而下逐层开采,逐层保护,能有效防治煤与瓦斯突出。11# 煤层的保护层为 8# 煤层,二者层间距平均为 33 m 左右。尽管 8# 煤层的开采对 11# 煤层有卸压保护效果,但其卸压保护范围、合理超前距等参数都需要进行科学考察确定。

该煤矿煤层顶板普遍为泥岩或砂质泥岩,现工作面回采巷道采用留窄煤柱沿空掘巷。该技术常常出现护巷成本高、职工劳动强度大、巷道变形量较大、窄煤柱维护困难、二次维修量大等问题,为满足矿井安全、高效、经济开采的需要,寻求新的沿空护巷技术已势在必行。

1.2　国内外研究现状

1.2.1　薄煤层开采研究现状

我国极薄、薄煤层煤炭资源丰富。随着我国经济发展和煤矿智能绿色开采理念的增强,极薄、薄煤层的安全高效开采得到充分重视。极薄和薄煤层开采条件、工艺以及技术等因素,使得单纯开采极薄、薄煤层的经济效益较低。所以考虑将极薄、薄煤层作为保护层开采,以治理矿井煤与瓦斯突出等动力灾害。王猛等针对薄煤层开采的半煤岩回采巷道的煤层和岩层间容易发生剪切滑移破坏问题,提出了半煤岩巷两帮打穿层倾斜锚索的高强支护技术;黄光利等为了降低急倾斜突出煤层群中下被保护层的突出危险性,对薄煤层上保护层俯伪斜工作面开采的卸压范围进行了划定;余伟健等以百色矿区为例,为解决薄煤层开采的半煤岩回采巷道围岩变形严重的问题,通过数值模拟与现场实测相结合的方式,揭示了半煤岩巷围岩变形的机制,提出了"巷帮高刚度桁架锚索＋顶板预应力长锚索"的整体支护技术;张明杰等针对远距离极薄下保护层半煤岩工作面卸压增透的问题,研究优化半煤岩工作面采高,以降低过量截割煤层顶板(底板)岩层引起的防突费用。

目前,我国很多矿区都积极开展了极薄、薄煤层智能无人工作面采煤技术的研究和现场工业性试验。但多数矿井仅实现了采煤工作面内的智能化、无人化,而且在工作面设备出现故障或不能适应现场条件时,须人工停机,并派工人到工作面现场进行处理,并需要对工作面内设备进行必要的定期检修和维护;另外,在巷道掘进和支护工作面仍然需要大量的现场作业人员,从某种意义上讲还未真正实现煤矿井下的智能无人化采煤。将极薄、薄煤层作为保护层开采是高瓦斯突出煤层群开采条件下瓦斯灾害防治的重要手段,未来随着极薄、薄煤层采煤设备制造技术和自动化控制技术的提升,以及国家对资源合理开发利用的要求的提高,极薄、薄煤层的开采将更加受到重视。

1.2.2　保护层开采研究现状

极薄、薄煤层作为保护层开采已成为治理煤与瓦斯突出等动力灾害的重要手段,国内外学者对于极薄、薄煤层的保护层开采进行了大量理论和实践应用研究。刘宜平等以祁东煤矿为例,对切顶卸压无煤柱开采留巷支护问题进行了研究。施峰以南桐矿区作为工程背景,采用相似模拟实验对上保护层开采时保护层间距与卸压效果之间的关系进行了研究。杨贺等以赵庄煤矿为例,通过数值模拟与现场实测相结合的方式,研究分析了远距离下保护层开采时上被保护层的采动裂隙、应力分布特征。撒占友等以平顶山天安煤业股份有限公司四矿为例,采用相似模拟实验方法对"三软"煤层上保护层工作面卸压开采时底板煤岩体透气性演化规律进行研究,得出了上保护层工作面卸压开采时工作面瓦斯涌出异常的主要因素是底板煤岩体压力梯度陡变的结论。邓玉华以大湾煤矿西井为例,采用 FLAC³ᴰ 数值模拟软件对低渗透性高瓦斯近水平松软煤层群条件下上保护层卸压开采进行研究,得出了上保护层开采时顶底板煤岩体变形破坏情况、应力场变化规律及下被保护层的卸压效果。李江涛以屯兰煤矿为例,采用 FLAC³ᴰ 数值模拟软件对保护层开采厚度与卸压增透效果之间的关系进行模拟研究,对被保护层应力、位移情况,以及煤体内部应力集中情况和范围等多因素进行综合分析,设计了保护层开采的最优采高。贺爱萍等以长平煤矿为例,为分析保护层卸压开采时被保护层顶底板煤岩层裂隙的演化规律、应力场变化情况和卸压增透效果,采用相似模拟实验方法对保护层开采后被保护层的渗透性进行测试。

1.2.3　无煤柱开采研究现状

近年来,国内外许多学者对切顶成巷无煤柱开采技术进行了大量的理论和实践应用研究。孙晓明等通过理论分析、数值模拟和现场实测相结合的方式,对薄煤层切顶成巷围岩变形机理及控制技术进行了研究,结合南屯煤矿 1610 试验工作面现场开采条件,设计了工作面切顶预裂缝的高度、角度以及预裂爆破的相关参数,并进行了现场工业性试验,应用效果较好。郭志飚等通过构建力学模型推导了切顶高度、角度及预裂爆破参数的理论计算公式,并基于嘉阳煤矿薄煤层开采地质条件,通过数值模拟确定了切顶成巷的相关参数,并成功在现场开展了工业性实践应用。杨晓杰等基于西北典型矿区浅埋煤层开采条件,采用理论分析与 3DEC 数值模拟相结合的方法,分析了切顶成巷顶板的垮落特征及围岩应力场的分布特征,揭示了底板应力分布、位移变化与切顶高度之间的关系。何满潮等针对哈拉沟煤矿12201 工作面现场实际,构建了切顶成巷顶板不同层位的"围岩-支护体"力学模型,揭示了切顶成巷顶板岩层的移动规律,推导了巷旁支护力的理论计算方法,并进行了工业性试验,现场应用效果较好。郭鹏飞等针对软弱煤层、坚硬直接顶和基本顶条件下切顶成巷爆破参数设计的问题,结合姚桥煤矿 7719 试验工作面开采实际,进行了现场爆破试验研究,结果表明:在坚硬岩层中试验预裂爆破,爆破后裂缝基本沿着设计的方向贯通,预裂爆破的聚能效应较好;反之,在软弱岩层中试验预裂爆破,爆破后爆破孔呈现漏斗状,预裂爆破的聚能效应较差。

在贵州矿区现场实践的无煤柱沿空留巷技术中,常采用留煤墩、巷旁充填充填料及巷旁砌筑料石的沿空留巷技术,这样的无煤柱沿空留巷容易出现巷旁煤体、充填墙体或砌筑块体在矿山压力作用下发生压裂、外鼓等变形破坏情况,且通常会出现巷道非采煤帮片帮范围大、底鼓量大等情况,从而大大增加了沿空巷道后期的维护费用,并影响生产安全。因此,采用留煤墩、巷旁充填充填料及巷旁砌筑料石的沿空留巷技术已经不能适应我国煤矿智能绿色开采理念的需求。所以,有关学者提出了切顶卸压沿空留巷无煤柱开采技术,该技术有利于提高生产效率,减小采掘比,也有利于提高煤炭资源回收率,消除相邻工作面应力集中的影响,避免巷旁煤体、充填墙体或砌筑块体在矿山压力作用下发生压裂、外鼓等变形破坏,且可避免巷道非采煤帮片帮、底鼓、二次返修等情况,经济技术效益较好。在我国贵州矿区的低渗透性高突煤层群开采条件下,为提高下部煤层瓦斯预抽的效果,消除煤柱下方被保护层中未卸压的区域,实现低渗透性高突煤层群的全面卸压增透,及充分回采极薄、薄煤层的煤炭资源,有关学者提出了将极薄或薄煤层作为上保护层进行开采,且工作面不留区段煤柱,通过保护层无煤柱开采实现邻近被保护层的全面卸压。

1.2.4　半煤岩保护层工作面开采研究现状

为了充分回采难采极薄、薄煤层焦煤资源,实现高瓦斯煤层群的安全高效开采,我国部分矿区提出了半煤岩保护层工作面的开采思路,运用矮机身采煤机滚筒截割极薄、薄煤层软弱顶板或底板,从而使保护层开采厚度增加,以便安装综采设备,也有利于提高保护层的卸压保护作用。通过增加保护层的采高,形成半煤岩保护层工作面,将薄煤层作为保护层开采,该技术是高瓦斯突出煤层群开采条件下瓦斯灾害防治的重要手段。

1.2.5　沿空掘巷卸压防突研究现状

国内外学者对于沿空掘巷技术进行了大量的理论和实践研究,在沿空掘巷后巷道围岩控制等方面得出的结论主要包括:(1) 在矿压作用下,沿空掘巷的窄煤柱破碎或在内部产生大量裂隙,从而使得沿空巷道与采空区连通,导致漏风现象;(2) 采用沿空掘巷技术时,因为留设的窄煤柱煤体较为破碎且煤柱的支承效果较差,为了保证沿空掘巷的稳定而需要增加巷道的悬顶距和跨度,从而使得巷道围岩压力增大,巷道后期的维护较为困难,成本大大增加;(3) 采用留窄煤柱沿空掘巷时,由于沿空掘巷位置在侧向支承压力最大值范围内,在掘巷扰动影响下侧向支承压力将发生二次重新分布,巷道不仅在掘进期间出现剧烈的矿压显现,而且在掘后稳定期仍然发生较大变形,且变形速度较快;(4) 采用留窄煤柱沿空掘巷技术,其优点主要在于通过提高掘进速度而改善工作面的接替关系。国内外学者的理论和实践应用研究表明,沿空掘巷技术仍面临一些难解决的问题,如煤柱宽度和支护强度设计、采空区与回采巷道的隔离以及预防来自采空区的水涌入回采巷道等问题。另外,沿空掘巷卸压技术还有一个关键的问题,即高突矿井如何有效预防工作面和采空区的有害气体(如瓦斯等)进入回采巷道,以避免影响安全生产。

1.3　高突矿井区域卸压防突技术存在的问题与展望

极薄、薄煤层作为保护层开采已成为治理煤与瓦斯突出等动力灾害的重要手段,而极薄、薄煤层开采时主要存在以下难点:(1) 工作面采高小、工作条件差;(2) 掘采比往往比较大、掘进率高,采煤工作面接替困难;(3) 地质构造对工作面生产影响大,从而导致频繁搬家或者跳采;(4) 采用常规的采煤方法,其经济效益较低;(5) 在高瓦斯煤层群中开采时,邻近煤层和本煤层瓦斯大量涌入,加之工作面采高较小,且工人和设备较多,容易引起工作面内通风不畅而产生瓦斯积聚,存在安全隐患。采用沿空掘巷来预防采煤工作面的突出危险性,效果较为显著,且经济效益较好,不仅可降低巷道掘进工作量,而且产生的卸压增透效果能大大提高煤层瓦斯抽采的效率。由于贵州矿区地质条件较为复杂,虽然许多学者进行了大量的理论和实践应用研究,但依然存在很多问题亟待解决:(1)针对贵州矿区普遍存在构造发育和软煤开采条件,当采用沿空掘巷卸压时,煤体卸压机理及煤体破坏强度准则是什么,以及不同预留煤柱宽度和巷道断面尺寸与煤体破坏之间的关联是什么;(2)针对贵州矿区"三软"煤层开采条件,并且煤层厚度变化较大,当沿空掘巷时应力集中区范围、巷道瓦斯卸压松动范围、瓦斯排放半径等问题还需进一步研究分析;(3)采用沿空掘巷技术布置回采巷道,其工艺措施仍需优化,防突机理也需进一步研究分析;(4)煤柱宽度和支护强度设计、采空区与回采巷道的隔离以及预防来自采空区的水涌入回采巷道等问题仍需进一步研究。

2 高突矿井保护层卸压开采技术

2.1 矿区地质及生产技术条件

2.1.1 位置及交通

某煤矿位于二塘向斜北东翼的浅部,地处六盘水市钟山区、毕节市威宁县和赫章县三县(区)交界处的六盘水市钟山区大湾镇,隶属贵州水城矿业(集团)有限责任公司。井田走向长 2.9 km,倾斜长 1.4 km,面积 3.48 km²。该煤矿与贵州水城矿业(集团)有限责任公司大湾煤矿、二塘选煤厂、二塘医院、西洋焦化厂和大湾火车站毗邻,铁路有六盘水至大湾铁路支线直达矿区,全长约 50 km,公路有 S212 省道横贯矿区,距六盘水市中心区 46 km,至赫章 58 km,经赫章至毕节 140 km,交通十分便利。矿区地貌形态因受地质构造及岩性控制,为构造侵蚀、剥蚀中高山山地,谷底坡降 10°～30°,变化大且较复杂,地形北高南低,起伏较大,平坦地极为少见,具典型的高原山区地貌特征,海拔在 1 770～2 150.8 m,相对高差达 380 m,地表植被不发育。矿区地表水系属长江流域乌江水系,发源于矿区西北 25 km 处花鱼洞的三岔河是矿区的主要河流。该河流蜿蜒纵贯全区,长达 12 km,流量变化较大,河水雨季暴涨暴落,旱季则显著减少,但均未见形成干河;它又受地下水及源于本盆地的拱桥、格书、拖鲁、木冲沟等溪流的沿途补给,是二塘矿区工农业用水的主要水源。

2.1.2 煤层特征及构造

(1)井田含煤特征

井田含煤地层为上二叠统龙潭组,该组是以陆相沉积为主的海陆交互相含煤地层,地层厚度为 207～253 m,一般为 226 m,含煤 20～37 层,一般为 25 层,自上而下编为 1#—25# 煤层。煤层总厚度为 18～24 m,一般为 20 m,含煤系数为 8.85%。

该组含可采及局部可采煤层 6 层,即 2#、4#、7#、8#、9#、11# 煤层,总厚度为 5.55～18.48 m,一般为 11.27 m,主要可采煤层为 2#、4#、11# 煤层,局部可采煤层为 7#、8#、9# 煤层,其余煤层均不可采,或仅个别点达到可采厚度;根据岩性和含煤特征分为上、下两段,可采和局部可采煤层多集中在含煤地层的上段。

(2)煤层特征

2# 煤层:俗称崖炭,黑色,距 1# 煤层 0～8.5 m,一般为 2.91 m,煤厚 1.82～2.76 m,一般

为 2.50 m,结构复杂,含夹矸 2~3 层,在煤层上部普遍有两层厚度为 0.05~0.10 m 的高岭石夹矸。

4#煤层:黑色,块状或粉状,油脂光泽,半暗煤。该煤层距 3#煤层 0~10.86 m,一般为 2.44 m,煤厚 1.07~3.87 m,一般为 2.22 m,结构复杂,含夹矸 2~5 层,为不稳定煤层。

7#煤层:该煤层距 4#煤层 2.10~19.86 m,一般为 7.58 m,煤厚 1.52~3.05 m,一般为 1.80 m,结构复杂,含夹矸 1~2 层,一般在煤层顶部发育一层含砂质、碳质的高岭石夹矸,厚 0.05~0.10 m。该煤层在井田范围内厚度变化不大,稳定可采。

8#煤层:该煤层距 7#煤层 0.10~18.99 m,一般为 7.58 m,煤层厚度 1.64~3.38 m,一般为 2.32 m,结构复杂,一般在其底部含一层结晶质高岭石夹矸,夹矸厚 0.08~0.10 m,随其厚度的增大而渐变为泥岩。该煤层厚度变化较大,为不稳定煤层。

9#煤层:该煤层距 8#煤层 0.10~13.92 m,一般为 4.29 m,煤层厚度 0.45~0.95 m,一般为 0.62 m,结构复杂,含夹矸 1~4 层。该煤层厚度变化大,分叉合并现象极为频繁,为不稳定煤层。

11#煤层:俗称大栓炭,该煤层距 9#煤层 0.80~28.33 m,一般为 10.24 m,煤厚 1.64~3.38 m,一般为 2.80 m,结构复杂,含夹矸 3~5 层,一般为 2~3 层。在该煤层上部普遍发育两层 0.02~0.05 m 厚的高岭石泥岩夹矸,上层属细晶,下层属粗晶,间距 0.10 m 左右。该煤层层位稳定,对比可靠,为稳定煤层,是井田内的主要可采煤层。

（3）井田构造

该井田地处二塘向斜北东翼的浅部,地层走向大致平行二塘向斜轴向(N100°—135°E),呈向南西倾斜的单斜构造,地层倾角 8°~10°。区域地质构造控制着整个井田的地质构造,断裂构造主要是正断层,褶曲不发育,仅有波状起伏。现将勘探查明的落差大于 5 m 的断层叙述如下。

① F$_5$ 断层

该断层位于钱家院子—拖鲁—岩脚寨一带,为正断层,在井田内长度为 1 400 m,倾角 50°~70°,平均为 50°,走向 N5°—25°,倾向南东,落差 10~14 m,切割整个煤系,在地表与孔内煤岩层缺失,由补 6-3、10-1 和 1002 等三个钻孔控制,是井田的东翼边界,由 152 队勘探控制。

② F$_{15}$ 断层

该断层位于苏都谷一带,在地表可见,长度大约为 200 m,为一斜交走向正断层,走向 38°,倾向 308°,倾角 45°,落差 5 m 左右,已由 152 队勘探控制。

③ FB$_{13}$ 断层

该断层位于 12#—13# 勘探线之间,为正断层,长度为 800 m,走向、倾向分别为 62°、152°,倾角 70°,落差 10~15 m,在补 21-2 孔缺失 4# 和 5# 煤层,在 1302 孔飞仙关组第二段地层中见破碎带,已由 142 队勘探控制。

2.1.3 煤层顶底板

该区含煤地层属于以陆相沉积为主的海陆交互相沉积,各可采煤层顶底板岩性差异不大,且多属同类型,即 Ⅱ 类。

（1）2# 煤层:伪顶为泥岩,厚度在 0.03~0.05 m 之间;直接顶为薄层泥岩或粉砂岩,厚度在 0.30～2.90 m 之间,平均为 1.44 m;基本顶为细砂岩,厚度在 0.26～8.05 m 之间,平均为 3.73 m;底板为泥岩,平均厚度为 0.80 m。

（2）4#煤层:顶板为灰黑色或深灰色泥岩,厚 1.33～14.89 m,一般为 3.79 m;底板为灰黑色泥岩、砂质泥岩,厚 0.22～4.71 m,一般为 2.00 m。

（3）7#煤层:基本顶多为层状结构的细-中粒砂岩或粉砂岩,含泥岩包体及菱铁矿结核,厚 0～10.06 m,一般为 3.60 m;直接顶为薄-中厚层粉砂岩或泥岩,具水平层理,厚 0～6.70 m,一般为 1.21 m;底板为泥岩或粉砂岩,厚 0.57～3.15 m,一般为 1.13 m。

（4）8#煤层:顶板多为层状结构的细-中粒砂岩或粉砂岩,局部夹 1～2 层煤线,厚 0～17.00 m,一般为 6.82 m;底板为泥岩,厚 0.23～6.00 m,一般为 2.00 m。

（5）9#煤层:顶板多为层状结构的中厚层状细砂岩或粉砂岩,厚 0～11.57 m,一般为 4.68 m;底板为泥岩,厚 0～13.89 m,平均为 5.30 m。

（6）11#煤层:伪顶为泥岩,厚度在 0.02～0.05 m 之间;直接顶为薄层状泥岩或粉砂岩,厚度在 0～12.60 m 之间,平均为 4.16 m;基本顶为细砂岩,厚度在 0～15.00 m 之间,平均为 6.00 m;底板为泥岩,平均厚度为 2.00 m。

2.1.4 煤质特征

（1）物理性质及宏观煤岩特征

各煤层的物理性质差异不大,呈黑色,条痕为黑褐色,层状或块状构造,宏观煤岩组分以暗煤为主,次为亮煤,除 11#煤层以半亮煤为主外,其余均以半暗煤为主。

（2）显微煤岩特征

根据 152 队勘探报告资料,各煤层的煤岩组分大致相同,以镜质组为主,占 60% 以上,丝炭次之,占 30% 左右,丝炭多呈透镜状,其中 11#煤层丝炭含量为 8%～15%;煤中矿物质以氧化硅类之石英、玉髓为主,方解石多呈脉状充填在胞腔内,黄铁矿多存在于 2#、3#、4#、9#煤层中,矿物杂质多属二类浸染,故难以分选。

（3）灰分

根据勘探煤质化验资料,各煤层的原煤灰分为,2#煤层:23.44%～34.38%,一般为 27.91%;4#煤层:34.13%～37.37%,一般为 35.63%;7#煤层:22.18%～38.88%,一般为 31.82%;8#煤层:22.82%～38.82%,一般为 28.49%;9#煤层:26.33%～35.64%,一般为 31.23%;11#煤层:14.13%～30.33%,一般为 20.31%。

（4）硫分

各煤层的硫分不一,原煤 2#煤层硫分为 0.27%～3.85%,平均为 1.53%,属中硫煤;4#煤层为 0.34%～1.79%,平均为 0.82%,7#煤层为 0.22%～2.77%,平均为 0.81%,11#煤层为 0.19%～1.48%,平均为 0.56%,均为低硫煤;8#煤层为 0.42%～6.02%,平均为 3.29%,9#煤层为 1.72%～7.16%,平均为 4.03%,均属高硫煤。

（5）磷分

据 142 队补勘资料,各煤层磷分差异大,2#煤层为 0.002 0%～0.010 3%,平均为 0.005 9%;4#煤层为 0.001 5%～0.022 7%,平均为 0.011 1%;7#煤层为 0.004 5%～0.017 2%,平均为 0.010 9%;8#煤层为 0.001 4%～0.005 8%,平均为 0.003 9%;9#煤层为

0.003 0％～0.009 0％，平均为 0.005 5％；11#煤层为 0.004 3％～0.061 2％，平均为0.021 0％。

（6）煤种

据152队化验资料，该井田 2#煤层为肥焦煤，4#、7#、8#、9#、11#煤层均为焦煤。

（7）煤的工业用途

该区煤种较稳定，但可先性差，灰分和硫分较高，精煤的主要工业用途为生产冶金焦用配煤，中煤主要供动力用煤。

各主要可采和局部可采煤层煤质特征如表 2-1 所示。

表 2-1 各主要可采和局部可采煤层煤质特征

煤层编号	水分 $\left(\dfrac{最小—最大}{平均}\right)$ /％	灰分 $\left(\dfrac{最小—最大}{平均}\right)$ /％	挥发分 $\left(\dfrac{最小—最大}{平均}\right)$ /％	硫分 $\left(\dfrac{最小—最大}{平均}\right)$ /％	胶质层厚度/m		发热量 $\left(\dfrac{最小—最大}{平均}\right)$ /(cal/g)	煤种
					X	Y		
2#	$\dfrac{0.39\sim1.63}{0.85}$	$\dfrac{23.44\sim34.38}{27.91}$	$\dfrac{23.37\sim27.89}{25.46}$	$\dfrac{0.27\sim3.85}{1.53}$	2.5～4.3	19.5～34.0	$\dfrac{8\,259\sim8\,630}{8\,480}$	肥焦煤
4#	$\dfrac{0.31\sim1.77}{0.79}$	$\dfrac{34.13\sim37.37}{35.63}$	$\dfrac{22.43\sim28.89}{25.43}$	$\dfrac{0.34\sim1.79}{0.82}$	5.0～51.5	16.5～28.0	$\dfrac{8\,197\sim8\,430}{8\,293}$	焦煤
7#	$\dfrac{0.40\sim1.68}{0.85}$	$\dfrac{22.18\sim38.88}{31.82}$	$\dfrac{20.94\sim25.76}{24.16}$	$\dfrac{0.22\sim2.77}{0.81}$	5.5～48.0	17.0～29.0	$\dfrac{8\,206\sim8\,580}{8\,355}$	焦煤
8#	$\dfrac{0.33\sim2.40}{0.89}$	$\dfrac{22.82\sim38.82}{28.49}$	$\dfrac{21.03\sim27.54}{23.82}$	$\dfrac{0.42\sim6.02}{3.29}$	12.5～45.5	13.5～24.5	8 314	焦煤
9#	$\dfrac{0.30\sim1.86}{0.84}$	$\dfrac{26.33\sim35.64}{31.23}$	$\dfrac{21.64\sim25.85}{23.61}$	$\dfrac{1.72\sim7.16}{4.03}$	9.5～45.5	14.5～25.5	$\dfrac{8\,440\sim8\,560}{8\,500}$	焦煤
11#	$\dfrac{0.30\sim1.59}{0.83}$	$\dfrac{14.13\sim30.33}{20.31}$	$\dfrac{20.98\sim25.68}{22.48}$	$\dfrac{0.19\sim1.48}{0.56}$	12.0～45.0	13.8～25.0	$\dfrac{8\,430\sim8\,780}{8\,611}$	焦煤

注：1 cal≈4.186 J。

2.1.5 水文地质特征

2.1.5.1 区域水文地质特征

该区为一向斜盆地，被海拔为 1 770～2 150 m 由下三叠统及上二叠统组成的中低山环绕，地形切割甚剧，相对高差达 200 m 以上，呈现"V"形谷特征，谷底坡降一般在 10°～30°，对泄水十分有利，地貌成因属构造侵蚀类型。

该区地表水系属长江流域乌江水系，除干河三岔河外，沿途有拱桥、拖鲁、格书、木冲沟、二塘等溪流注入。上述各溪流均发源于该盆地内，三岔河流经向斜轴部，在区内蜿蜒长达 12 km，河曲发育，河床多变，季节性特征较强，在 6—8 月份的雨季河水暴涨，在旱季河水则显著减少。据威宁气象资料统计，该区年平均降水量为 1 084.3 mm。

（1）地表水

拖鲁河为一季节性河流，旱季大都干涸，在岩脚寨附近汇入三岔河，蜿蜒纵贯整个三采区西部边界,流量随季节变化,为 0～43 260 m³/min。在沈家院小桥以上为含煤地层,以下为三叠系飞仙关组,对矿井的开采有一定的影响,历年最高洪水位在孔家院子附近为＋1 832.75 m。

（2）与现矿床开采有关的含水层情况

① 第四系

该组地层主要为冲积层、残积层,分布于沟谷两侧,由亚砂土、卵石、砾石组成,厚度为 0～8.83 m,一般为 6 m,含裂隙潜水,透水性极强。

② 三叠系下统飞仙关组

该组地层厚 121～348 m,一般为 256.4 m,风化裂隙较发育,岩屑大量堆积于谷坡和谷底,被雨水冲刷后常携带大量岩屑流入河中,使河水异常混浊。由于地形陡峭和风化侵蚀作用,常形成重力滑坡。该组地层含裂隙-承压水,泉水出露较多且均为下降泉,流量在 0.002 5～0.4 L/s,个别达 0.78 L/s,流量随季节变化,旱季大多干涸,钻孔简易水文观测冲洗液的消耗量为 0～0.1 m³/h。

③ 二叠系上统龙潭组

该组地层在地表出露不宽,呈环带状,地貌呈缓坡小丘;由砂岩、泥岩、碳质泥岩、黏土岩及煤层组成,厚 207～258 m,一般厚 234.0 m;有较厚的第四系松散层堆积覆盖,含裂隙-承压水,地下水出露较差,多为下降泉,流量一般为 0.000 22～0.394 L/s,生产巷道大都无水,有部分裂隙水渗入,钻孔简易水文观测冲洗液的消耗量为 0～0.1 m³/h,少数钻孔因受地形或瓦斯影响而涌水,涌水量为 0.02～0.23 L/s,渗透系数为 0.456～0.604 m/d。从钻孔抽水资料可看出,地层含水性随埋藏深度的增加显著减小,这主要是由于浅部地层风化裂隙比较发育,地下水易受到大气降水或冲积层含水的补给。水质为 CO_3^{2-}-Ca^{2+}·Na^+ 型和 SO_4^{2-}-Ca^{2+}·Mg^{2+} 型,矿化度为 0.034～1.937 g/L,pH 为 3.3～8.5,因浅部处于氧化环境,故 SO_4^{2-} 常在浅部有显著增加,而 pH 相应减小。

综上所述,井田地形、地貌对降水和地下水排泄十分有利,煤系及上覆地层中无较大含水层。从水文地质调查和长期观测资料来看,区内地下水的补给来源主要为大气降水,水文地质条件较简单。

2.1.5.2　矿井充水因素

从周边生产矿井的实际观测资料分析,矿井主要有下列几个充水因素。

（1）地表开采塌陷

由于矿井地处二塘向斜北东翼浅部,补给水源主要为大气降水,采空区上覆岩层均产生塌陷裂隙,开采塌陷裂隙的产生将改变原有的水文地质条件,因此,大气降水通过采空塌陷裂隙补给井下,从而造成井下水量增大。据周边矿井历年统计资料,矿井雨季涌水量是枯水季节的 15～20 倍。

（2）导水断层

井田内的断裂均以高角度的正断层为主,从钻孔和巷道的实际情况来看,断层破碎带被砂质泥岩和粉砂岩及其碎屑胶结充填,不透水或透水性较弱,但当断层穿过河床时,河床以下的断层破碎带将会局部具有富水性和导水性。

（3）老窑积水

井田范围内的小窑开采历史悠久,主要分布在靠近煤层露头及浅部一带,小煤窑采空区积水是威胁矿井的主要水害之一。

2.1.6　其他开采技术条件

（1）瓦斯

经煤炭科学研究总院重庆分院鉴定得出：该矿井为突出矿井，开采的 11# 煤层为突出煤层。而且 11# 煤层在掘进过程中曾发生过多次煤与瓦斯突出，故必须严格按突出矿井进行管理并进行相应的采区通风设计。各煤层瓦斯含量分别为：2# 煤层为 7.97 m³/t，4# 煤层为 13.412 5 m³/t，7# 煤层为 4.43 m³/t，8# 煤层为 8.892 3 m³/t，11# 煤层为 15.78 m³/t。1989 年 7 月在原四采区 +1 740 m 水平石门揭煤时，前探钻孔瓦斯压力高达 1.63 MPa。

（2）煤尘爆炸及煤的自燃倾向性

经煤炭科学研究总院重庆分院 2003 年 8 月鉴定，11# 煤层鉴定结果为煤尘具有爆炸性，其抑制煤尘爆炸最低岩粉量为 50%～65%。经六技工矿（集团）恒达勘察设计有限公司实验室 2007 年 8 月鉴定，该煤矿三采区 4# 煤层鉴定结果为煤尘无爆炸性；8# 煤层鉴定结果为煤尘具有爆炸性，其抑制煤尘爆炸最低岩粉量为 40%。根据该煤矿的生产实际，该井田内曾发生过煤层自燃现象。经煤炭科学研究总院重庆分院 2003 年 8 月鉴定，11# 煤层为不易自燃煤层，自燃倾向性鉴定结果为Ⅲ类；2008 年 4 月鉴定，4# 煤层、8# 煤层为自燃煤层，自燃倾向性鉴定结果为Ⅱ类。煤层自然发火期为 10～12 个月。本设计将三采区按煤尘有爆炸危险性、煤层有自然发火倾向性考虑。

（3）煤与瓦斯突出

该矿井属突出矿井。根据煤炭科学研究总院重庆分院 2003 年 8 月鉴定结果，井田内 11# 煤层属突出煤层；经煤炭科学研究总院重庆分院于 2008 年 1 月鉴定，4# 煤层、9# 煤层（8#、9# 煤层合并层）均为突出煤层。因此，在开采过程中必须按突出煤层管理。

（4）地温

该煤矿现井下生产系统，除无通风或通风不良的井巷内温度稍高外，其余井巷内均无高温现象。该区无地温异常现象。

2.2　矿井及试验工作面概况

2.2.1　矿井概况

该煤矿采用平硐＋斜井开拓方式，上下山单水平开采，采用综合机械化后退式走向长壁开采方式，顶板管理采用全部垮落法，设计生产能力 90 万 t/a，服务年限 79 a。

该煤矿主采煤层位于二叠系上统龙潭组，位于北东翼浅部的二塘向斜。设计全区开采 4#、8#、11# 煤层，共 3 层煤，煤层倾角在 7°～10° 之间。该煤矿自投产以来，开采 11# 煤层时出现过多次煤与瓦斯突出动力现象。该煤矿属于特殊的喀斯特地貌特征，具有复杂的构造地质条件和独特的煤层赋存特点，可采煤层的顶底板均为封闭性岩层（如泥质、黏土质、砂质岩层等），岩性极其松软，为瓦斯储存形成了有利的条件，且开采煤层透气性较差，特别是随着矿井开采深度的不断增加,地应力随之增大,矿井在开采下部煤层时发生煤与瓦斯突出的危险性不断增加。煤系综合柱状图见图2-1。

层号	层厚 $\frac{最小\sim最大}{平均}$/m	柱状 (1:500)	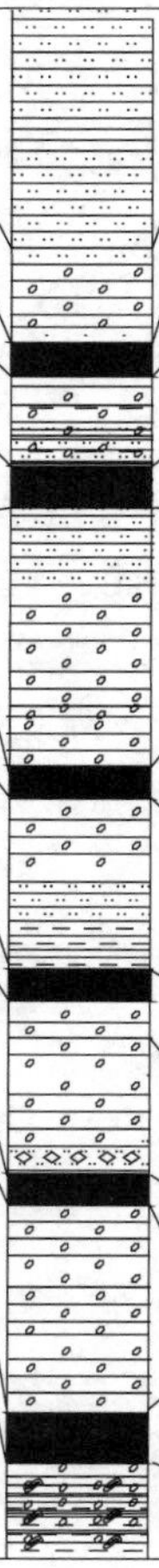	岩 性 描 述
1	$\frac{4.42\sim33.89}{13.47}$		石英砂或砾岩	浅灰、灰白色,中厚层状,砾石主要为石英质的,粒径2~10 mm,棱角状。该层呈透镜状分布,间夹砂质泥岩
2	$\frac{3.00\sim7.00}{3.50}$		砂岩	浅灰色,细粒,中厚层状,有时为黑色泥岩夹菱铁矿结核
3	$\frac{1.82\sim2.76}{2.50}$		2#煤层	俗称崖炭,黑色,条痕色为褐黑色,粉状或少见块状,线理状或细条带状结构,玻璃光泽,半暗煤
4	$\frac{0.25\sim12.78}{4.62}$		砂质泥岩	灰黑色泥岩或深灰色砂质泥岩
5	$\frac{1.07\sim3.87}{2.22}$		4#煤层	黑色,块状或粉状,油脂光泽,半暗煤
6	$\frac{2.25\sim21.94}{8.82}$		砂质泥岩	上部为灰色泥岩或浅灰色粉砂岩;中部多为层状结构的细-中粒砂岩或粉砂岩,含泥岩包体及菱铁矿结核,厚0~10.06 m,一般为3.6 m;下部为薄-中厚层粉砂岩或泥岩,具水平层理,厚0~11.88 m,一般为5.22 m
7	$\frac{1.52\sim3.05}{1.80}$			
8	$\frac{0.10\sim18.60}{7.58}$		7#煤层	黑色或褐黑色,块状或粉状,断口不平整,线理状或细条带状结构,半暗至半亮煤
9	$\frac{1.64\sim3.38}{2.32}$		泥岩或粉砂岩	上部为泥岩或粉砂岩;中部多为中厚层状的细砂岩,具波状层理和水平层理,厚0~6 m,一般为3 m;下部为薄层状粉砂岩、泥岩,厚0~12.6 m,一般为4.58 m
10	$\frac{1.64\sim23.92}{11.29}$		8#煤层	黑色或褐黑色,块状或粉状,线理状至细条带状结构,断口不平整,半亮至半暗煤,以半亮煤为主
11	$\frac{0.45\sim0.95}{0.62}$			
12	$\frac{4.50\sim54.82}{21.05}$		泥岩或粉砂岩	上部为泥岩,含黏土质,一般厚2 m;下部多为中厚层状细砂或粉砂岩,厚0~18.57 m,一般为9.29 m
13	$\frac{1.64\sim3.38}{2.80}$		9#煤层	黑色,粉状或块状,线理状或细条带状结构,油脂光泽,断口不平整,为半暗煤
14	$\frac{2.25\sim14.12}{7.50}$		细砂岩或砂质泥岩	上部为细砂岩,厚层状、波状层理,厚4.42~33.89 m,一般为13.47 m;下部为砂质泥岩,薄层状,厚0.1~18.99 m,一般为7.58 m
			11#煤层	黑色,块状,油脂光泽或玻璃光泽,断口不平整,线理状或细条带状结构,半暗煤
			泥岩或粉砂岩	上部为泥岩,含黏土质,厚2.29~5.44 m,一般为3.82 m;下部为粉砂岩,细粒,中厚层状,层理发育,厚0.25~8.78 m,一般为3.68 m

图 2-1 煤系综合柱状图

2.2.2 试验工作面概况

试验工作面选取二叠系龙潭组11#煤层的41113工作面。该工作面煤体呈现块状或粉状,褐黑色或黑色,断口不平整,线理状至细条带状结构,为半亮煤。根据实际揭露的41113工作面地质资料可知,该工作面开采范围内煤层厚度平均为2.8 m左右,赋存较稳定,倾角在8°~10°之间,含夹矸3~4层,煤层相对瓦斯含量为15.78 m³/t,属于突出煤层。

41113工作面位于+1 640 m水平以下,四采区运输下山的东部,北邻41111工作面,工作面南部和东部的本煤层均未开采,其上部2#煤层已开采完毕,41113工作面与上部40206工作面采空区垂距约55 m。41113工作面走向和倾斜长度分别为370 m、145 m,工作面设计可采储量216 471.3 t。该工作面对应地表标高在+1 985~+2 122 m之间,平均埋深

400 m,回风巷标高在+1 678.7～+1 687.9 m之间,运输巷标高在+1 659.1～+1 668.4 m之间。41113工作面回风巷在四采区运输下山的东帮掘进,巷道水平掘进3 m后按−16°下山掘进斜巷揭煤,掘进至11#煤层后,顺着41111工作面采空区沿空掘巷。

2.3 开采保护层防突机理

2.3.1 开采保护层防突原理

国内外大量开采保护层的理论和实践证明,保护层先行回采后,受采动影响,邻近被保护层的煤岩体结构、应力状态及瓦斯动力参数将发生明显改变。就其最先发生改变的位置而言,通常在保护层工作面前方10～20 m处邻近被保护层开始出现卸压作用,随着保护层工作面不断向前推进,在其后方采空区下方,被保护层将发生急剧的卸压膨胀变形,瓦斯动力参数随之明显改变。据此,将其卸压次序表示为:开采保护层→煤岩层在采动影响下移动→煤岩体膨胀变形、应力重新分布→被保护层卸压→被保护层透气性增加、瓦斯大量解吸→煤岩层瓦斯排放能力上升→钻孔瓦斯流量上升→二次重新分布应力趋于平稳→煤层瓦斯压力下降→煤层瓦斯含量降低→煤体机械强度上升。开采保护层防治煤与瓦斯突出原理如图2-2所示。

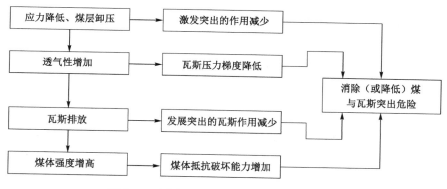

图 2-2　开采保护层防治煤与瓦斯突出原理

通过以上分析可知,保护层开采后邻近突出煤层将发生一定程度的卸压作用,其煤体结构和瓦斯动力参数将出现随上述卸压次序的改变。保护作用为煤层卸压和瓦斯排放共同作用的结果,其中卸压为决定性的、关键的,卸压作用将主导其他因素发生变化。即便在被保护层距离保护层较远(层间垂距未超出有效保护范围)或者层间含坚硬岩层的条件下,邻近突出煤层仍然会发生一定程度的卸压,透气性也将增加,煤层瓦斯有一定量的自然排放。保护层开采即便不能完全消除邻近煤层的突出危险性,也会有效降低其突出危险性。保护层开采后,邻近煤岩层将发生不可恢复至原岩状态的变化,所以保护层的保护作用是不可逆的,不会随着保护层开采后邻近煤岩层位移、应力趋于稳定而完全消失。所以,保护层开采后,邻近被保护层的煤体结构特征、应力分布状况、瓦斯动力参数等将发生变化,再结合钻孔抽采被保护层卸压瓦斯,可进一步降低煤层突出危险性。

2.3.2 影响保护作用的因素

（1）最大保护垂距

《防治煤与瓦斯突出细则》第六十三条规定：

开采保护层的有效保护范围及有关参数应当根据试验考察确定，并报煤矿企业技术负责人批准后执行。

首次开采保护层时，可参照附录 E 确定沿倾斜的保护范围、沿走向（始采线、采止线）的保护范围、保护层与被保护层之间的最大保护垂距、开采下保护层时不破坏上部被保护层的最小层间距等参数。

保护层开采后，在有效保护范围内的被保护层区域为无突出危险区，超出有效保护范围的区域仍然为突出危险区。

对不具备保护层开采条件的突出厚煤层，利用上分层或者相邻区段开采后形成的卸压作用保护下分层或者相邻区段煤层时，应当依据实际考察结果确定其有效保护范围。

（2）相对层间距

开采保护层的大量现场实践证明，影响保护作用的关键因素主要为保护层厚度、保护层与被保护层的层间垂距。所以，在分析保护作用时，需要综合考虑保护层厚度、保护层与被保护层的层间垂距，进而研究者提出相对层间距的概念，即保护层与被保护层的层间垂距 h 与保护层厚度 m 之比：

$$R = h/m \qquad (2\text{-}1)$$

根据式（2-1）分析可知，保护层的保护作用与相对层间距成反比，R 值越小，保护作用越好。根据现场试验经验分析得出：

① 进行下保护层开采时，当相对层间距 $R \geqslant 130$ 时，仅在特殊地质条件下（如地质构造破坏带）发生过突出，在正常地质条件下不发生突出；当相对层间距 $R < 130$ 时，被保护层未发生过突出。

② 进行上保护层开采时，当相对层间距 $R \geqslant 75$ 时，仅在某些特殊条件下（如工作面设计长度过大）发生过突出，在大多数情况下不发生突出；当相对层间距 $R < 75$ 时，被保护层从未发生过突出。

综上分析可得：引入有效相对层间距以分析保护层的保护作用，保护层的有效相对层间距 $R < 130$（进行下保护层开采时）或 $R < 75$（进行上保护层开采时）。

2.3.3 开采保护层的必要性和技术可行性分析

2.3.3.1 必要性分析

（1）相关规定

《防治煤与瓦斯突出细则》第二十三条规定：突出矿井必须确定合理的采掘部署，使煤层的开采顺序、巷道布置、采煤方法、采掘接替等有利于区域防突措施的实施。

突出矿井在编制生产发展规划和年度生产计划时，必须同时编制相应的区域防突措施规划和年度实施计划，将保护层开采、区域预抽煤层瓦斯等工程与矿井采掘部署、工程接替等统一安排,使矿井的开拓区、抽采区、保护层开采区和被保护区按比例协调配置,确保采掘作业在区域防突措施有效区域内进行。

(2)突出煤层的分布情况

该煤矿 $2^\#$、$4^\#$、$8^\#$ 煤层未发生过煤与瓦斯突出,而 $11^\#$ 煤层发生过煤与瓦斯突出。因此,以首采 $2^\#$ 煤层作为上保护层,保护下部 $4^\#$、$8^\#$ 煤层,待 $4^\#$、$8^\#$ 煤层开采后,保护具有严重突出危险的 $11^\#$ 煤层,这样由上而下逐层开采,逐层保护,能有效防治煤与瓦斯突出。

2.3.3.2 技术可行性分析

(1)残余瓦斯压力

被保护层在保护层采动的影响下发生卸压作用,煤层瓦斯压力降低,煤层瓦斯大量解吸排放,瓦斯压力最终趋于相对稳定,即残余瓦斯压力。当被保护层处于开采保护层形成的裂缝带内时,该值与原始瓦斯压力无关,而只取决于层间垂距;当被保护层处在开采保护层的弹塑性变形带内时[此时层间垂距 $h \geqslant 60$ m 或 $h/m \geqslant 60 \sim 85$($m = 0.7 \sim 1$ m)],残余瓦斯压力不仅取决于层间垂距,而且还取决于原始瓦斯压力和排放条件。显然,该煤矿属于前一种情况。

(2)相对层间距

该煤矿首先开采煤层群最上部的 $2^\#$ 煤层,保护其下方 $4^\#$、$8^\#$ 煤层;然后再开采 $8^\#$ 煤层,保护其下方具有严重突出危险的 $11^\#$ 煤层。$8^\#$ 煤层平均厚度为 2.32 m,距离下方 $11^\#$ 煤层约 33 m,属于中距离的上保护层开采条件,从理论上说,以 $8^\#$ 煤层作为保护层能够对 $11^\#$ 煤层进行有效保护。

(3)最大保护垂距

① 实际层间最大保护垂距小于《防治煤与瓦斯突出细则》推荐值

开采保护层的有效卸压范围及有关参数应根据试验考察确定。《防治煤与瓦斯突出细则》推荐缓倾斜和倾斜煤层上保护层开采时保护层与被保护层之间的最大保护垂距为 50 m,而该煤矿 $8^\#$ 煤层距被保护层 $11^\#$ 煤层的平均垂距为 33.51 m,实际垂距小于《防治煤与瓦斯突出细则》推荐值,处于有效垂距范围内。

② 测算层间最大保护垂距大于实际值

针对该煤矿保护层开采具体情况,可用下列公式计算确定最大保护垂距。

上保护层的最大保护垂距按式(2-2)计算:

$$S_上 = S'_上 \beta_1 \beta_2 \tag{2-2}$$

式中 $S_上$——上保护层开采的最大保护垂距,m。

       $S'_上$——上保护层开采的理论最大保护垂距,m。它与工作面的长度 L 和开采深度 H 有关,可查表 2-2 选取。当 $L > 0.3H$ 时,取 $L = 0.3H$,但 L 不得大于 250 m。

       β_1——保护层开采的影响系数。当 $M \leqslant M_0$ 时,$\beta_1 = M/M_0$;当 $M > M_0$ 时,$\beta_1 = 1$。其中,M 为保护层的开采厚度;M_0 为保护层的最小有效厚度,m,查图 2-3 选取。

       β_2——层间硬岩(砂岩、石灰岩)含量系数,以 η 表示在层间岩石中硬岩所占的百分比。当 $\eta \geqslant 50\%$ 时,$\beta_2 = 1 - 0.4\eta/100$;当 $\eta < 50\%$ 时,$\beta_2 = 1$。

表 2-2　理论最大保护垂距选取表

开采深度 H/m	上保护层的理论最大保护垂距 $S'_{上}$/m							下保护层的理论最大保护垂距 $S'_{下}$/m							
	工作面长度 L/m							工作面长度 L/m							
	50	75	100	125	150	200	250	50	75	100	125	150	175	200	250
300	56	67	76	83	87	90	92	70	100	125	148	172	190	205	220
400	40	50	58	66	71	74	76	58	85	112	134	155	170	182	194
500	29	39	49	56	62	66	68	50	75	100	120	142	154	164	174
600	24	34	43	50	55	59	61	45	67	90	109	126	138	146	155
800	21	29	36	41	45	49	50	33	54	73	90	103	117	127	135
1 000	18	25	32	36	41	44	45	27	41	57	71	88	100	114	122
1 200	16	23	30	32	37	40	41	24	37	50	63	80	92	104	113

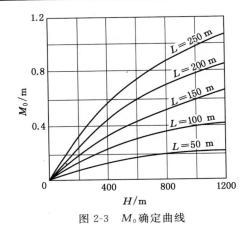

图 2-3　M_0 确定曲线

该煤矿保护层工作面与地表距离约为 355 m，工作面长度为 118 m，8# 煤层开采厚度为 2.32 m。查表 2-2 和图 2-3 得 $S'_{上}=58$ m，$M_0=0.43$ m。又因 $M>M_0$，所以取 $\beta_1=1$。8# 煤层与 11# 煤层的层间距为 33.51 m，两煤层之间岩层以泥岩、泥灰岩、页岩等软岩为主，而层间的硬岩所占的百分比 $\eta<50\%$，所以取 $\beta_2=1$。

将相关数据代入式(2-2)，经计算得出上保护层的最大保护垂距为 58 m，该值远大于 8# 煤层与 11# 煤层的层间距。据此初步判断，上保护层 8# 煤层开采后，下被保护层 11# 煤层处于卸压保护范围以内。

2.4　高突矿井上保护层开采数值模拟分析

2.4.1　煤岩力学参数确定

在该煤矿 41111 工作面采空区和 41113 工作面回风巷掘进头进行现场煤岩样选取和采集。岩样块体采集尺寸约为 200 mm×200 mm×150 mm，取样包括顶板砂质泥岩、细砂岩和底板泥岩、细砂岩，各类岩样分别取 3 块；煤样块体采集尺寸约为 200 mm×200 mm×

150 mm，数量为 3 块。每个参数实验测试的试样数量通常需要 3 块，煤、岩样共计 15 块，每块煤、岩样取 4～5 块试件，共计 70 块。煤岩样加工成的试件如图 2-4 所示。

（a）11#煤层顶板砂质泥岩试件；（b）11#煤层试件。

图 2-4　煤岩试件

实验测试和计算煤岩样的力学参数，以便为下一步进行 FLAC³ᴰ 数值模拟提供基础数据。根据《煤和岩石物理力学性质测定方法》（GB/T 23561）要求进行实验测试，对该煤矿 11#煤层，顶板砂质泥岩、细砂岩和底板泥岩、细砂岩试样进行单轴抗拉、单轴抗压以及三轴抗压实验测试，部分力学实验测试曲线及拟合数据如图 2-5 至图 2-8 所示。通过实验测试 11#煤层及其顶底板煤岩样的单轴抗拉强度、单轴抗压强度及三轴抗压强度，进而计算出煤岩样的弹性模量、泊松比、黏聚力及内摩擦角等参数，实验测试和计算煤岩样的力学参数见表 2-3 至表 2-5。

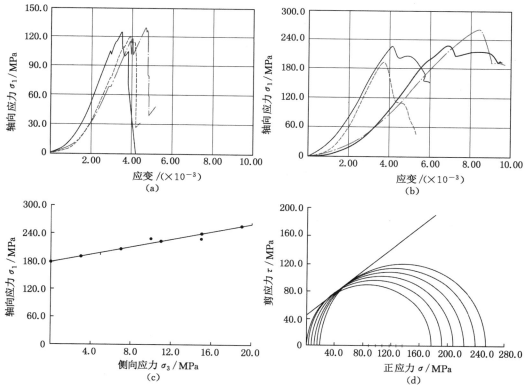

（a）单轴压缩应力应变曲线；（b）三轴压缩应力应变曲线；（c）三轴应力拟合曲线；（d）莫尔应力圆曲线。

图 2-5　11#煤层顶板细砂岩力学实验曲线及拟合数据

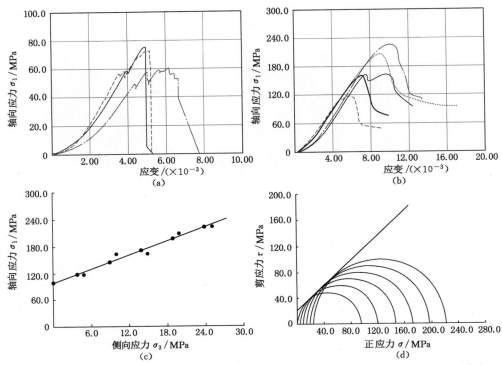

（a）单轴压缩应力应变曲线；（b）三轴压缩应力应变曲线；（c）三轴应力拟合曲线；（d）莫尔应力圆曲线。

图 2-6 11#煤层顶板砂质泥岩力学实验曲线及拟合数据

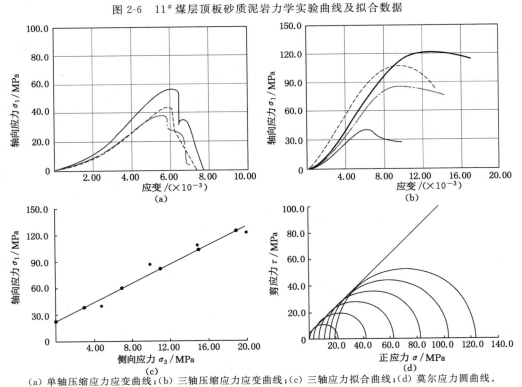

（a）单轴压缩应力应变曲线；（b）三轴压缩应力应变曲线；（c）三轴应力拟合曲线；（d）莫尔应力圆曲线。

图 2-7 11#煤层底板泥岩力学实验曲线及拟合数据

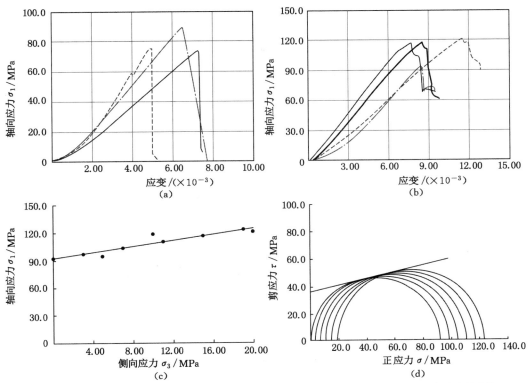

（a）单轴压缩应力应变曲线；（b）三轴压缩应力应变曲线；（c）三轴应力拟合曲线；（d）莫尔应力圆曲线。

图 2-8　11# 煤层底板细砂岩力学实验曲线及拟合数据

表 2-3　11# 煤层及其顶底板煤岩样抗压、抗拉强度

岩性	煤岩样标号	抗压强度/MPa		煤岩样标号	抗拉强度/MPa	
		单值	均值		单值	均值
细砂岩（顶板）	XS-4	121.53	127.38	XS-1	13.35	10.18
	XS-5	128.35		XS-2	9.62	
	XS-6	132.27		XS-3	7.58	
砂质泥岩	SN-4	77.18	70.68	SN-1	7.11	6.12
	SN-5	74.31		SN-2	5.74	
	SN-6	60.56		SN-3	5.52	
11# 煤层	M-4	12.11	10.40	M-1	0.30	0.26
	M-5	10.32		M-2	0.22	
	M-6	8.76		M-3	0.25	
泥岩	N-4	57.19	46.32	N-1	6.82	5.57
	N-5	45.32		N-2	4.87	
	N-6	36.46		N-3	5.01	
细砂岩（底板）	XS1-4	91.72	80.30	XS1-1	7.08	6.71
	XS1-5	72.85		XS1-2	6.82	
	XS1-6	76.34		XS1-3	6.24	

表 2-4　11#煤层及其顶底板煤岩样弹性模量及泊松比

岩性	煤岩样标号	泊松比 μ		弹性模量 E/GPa	
		单值	均值	单值	均值
细砂岩（顶板）	XS-4	0.27		55.72	
	XS-5	0.23	0.21	50.32	49.73
	XS-6	0.14		43.16	
砂质泥岩	SN-4	0.30		25.63	
	SN-5	0.19	0.21	19.21	21.47
	SN-6	0.14		19.58	
11#煤层	M-4	0.41		4.26	
	M-5	0.27	0.34	3.12	3.27
	M-6	0.35		2.44	
泥岩	N-4	0.30		11.61	
	N-5	0.24	0.24	10.86	11.16
	N-6	0.18		11.02	
细砂岩（底板）	XS1-4	0.25		19.98	
	XS1-5	0.17	0.18	17.26	16.98
	XS1-6	0.11		13.71	

表 2-5　11#煤层顶底板岩样三轴压缩实验数据

岩性	岩样标号	轴向应力 σ_3/MPa	轴向应力 σ_1/MPa	黏聚力 C/MPa	内摩擦角 φ/(°)
细砂岩（顶板）	XS-7	21.32	275.25		
	XS-8	10.22	230.15	4.4	37
	XS-9	16.14	227.63		
	XS-10	5.02	195.21		
砂质泥岩	SN-7	25.72	231.70		
	SN-8	21.18	210.45		
	SN-9	15.68	170.21	2.1	43
	SN-10	11.20	162.38		
	SN-11	4.62	115.42		
泥岩	N-7	20.23	23.67		
	N-8	5.22	41.45	0.5	43
	N-9	15.20	109.30		
	N-10	10.10	87.74		
细砂岩（底板）	XS1-7	21.18	122.95		
	XS1-8	5.07	96.26	3.6	14
	XS1-9	10.14	120.12		
	XS1-10	15.12	118.23		

2.4.2 保护层开采后围岩应力分布规律数值模拟分析

（1）模型构建

本次数值模拟采用 FLAC^{3D} 数值模拟软件，根据该煤矿现场生产地质资料，确定本次数值模拟中煤岩层和保护层工作面的空间和层位关系。根据该煤矿 8$^\#$ 煤层保护层开采现场实际条件，取 11$^\#$ 煤层直接底到地表为研究地层构建三维数值计算模型。根据该煤矿煤层的开采尺寸，模型长×宽×高取 300 m×345 m×186.4 m，整个模型划分为 34 层，共划分了 339 480 个单元，354 410 个节点，煤岩层倾角平均为 10°，见图 2-9。根据现场 8$^\#$ 煤层 40803 工作面开采条件，设计模型中工作面开采尺寸（长×宽×高）为 200 m×120 m×2 m。模型上部施加垂直应力（取 8$^\#$ 煤层至地表之间岩层的平均重力），模型前后施加的水平应力取垂直应力的一半，模型左右施加的水平应力按静水压力考虑。在纵向轴的负方向上，地下开采之前的初始应力状态通过定义自上往下各岩层产生自重应力和模型顶部补偿载荷来模拟反映。约束模型前后左右四周的边界以及底部边界。

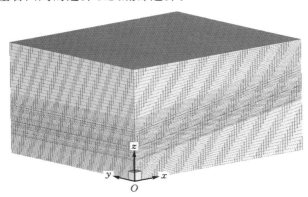

图 2-9 某煤矿保护层开采 FLAC^{3D} 三维立体模型

（2）上覆岩层物理力学参数

采用数理统计方法分析折减计算上述煤岩的力学参数，其中，单轴抗拉强度 $y = 0.5x$，单轴抗压强度 $y = 0.3x$，弹性模量 $y = 0.45x$，则计算结果如表 2-6 所示。

表 2-6　煤岩物理力学参数

岩性	体积模量 K/GPa	剪切模量 G/GPa	弹性模量 E/GPa	泊松比 μ	黏聚力 C/MPa	抗压强度 /MPa	抗拉强度 /MPa	内摩擦角 φ/(°)
细砂岩（顶板）	12.9	9.3	22.38	0.21	4.4	38.2	5.1	37
砂质泥岩	5.6	4.0	9.66	0.21	2.1	21.2	3.1	43
煤	1.5	0.5	1.47	0.34	0.6	3.1	0.1	19
泥岩	3.2	2.0	5.02	0.24	0.5	13.9	2.8	43
细砂岩（底板）	4.0	3.2	7.64	0.18	3.6	24.1	3.4	14

（3）数值模拟结果

设置模型内部 40803 工作面沿 y 轴正方向分步开挖（沿走向回采），并设置自动收敛平衡。模型中先行开采上保护层 8# 煤层后，受其采动影响煤层上覆岩层发生垮落或变形，在采空区走向中部的上覆岩层中形成最大下沉区域，其最大下沉量达 1.1 m 左右，如图 2-10 所示。通过对比分析模型的初始应力可知，40803 工作面采空区下方 11# 煤层沿走向垂直应力明显降低，形成卸压范围，40803 工作面开切眼向采空区方向 0～30 m 范围和采空区后方 0～60 m 范围的下方 11# 煤层的垂直应力约为－1.0 MPa，沿走向剖面的垂直应力分布如图 2-11 所示。随着采空区上覆岩层垮落或弯曲下沉压实采空区矸石，采空区内局部范围应力逐渐恢复稳定，40803 工作面采空区后方超过 60 m 至开切眼向采空区方向超过 30 m 之间范围的下方 11# 煤层的垂直应力约为－2.0 MPa，此范围内的垂直应力仍比原岩应力要小。根据垂直应力沿工作面走向的变化规律，划定卸压保护范围沿走向的卸压角约为 63°，如图 2-12 所示。

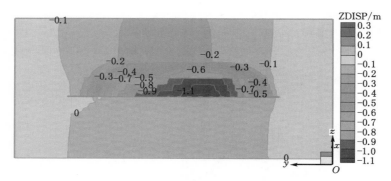

图 2-10　上保护层 8# 煤层开采后走向岩层垂直位移分布情况

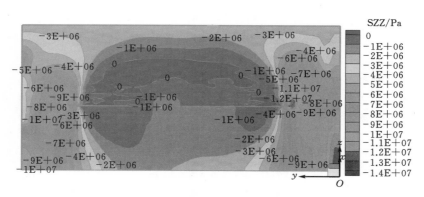

图 2-11　11# 煤层沿走向剖面垂直应力分布情况

模型中先行开采上保护层 8# 煤层后，受其采动影响煤层上覆岩层发生垮落或变形，在采空区倾斜方向中部的上覆岩层中形成最大下沉区域，其最大下沉量达 1.0 m 左右，如图 2-13 所示。通过对比分析模型的初始应力可知，40803 工作面采空区下方 11# 煤层沿倾斜方向垂直应力明显降低，形成"W"形的卸压区；40803 工作面回采后在其采空区两侧下方的 11# 煤层中垂直应力下降最为明显，垂直应力约为－1.0 MPa，如图 2-14 所示。随着采空

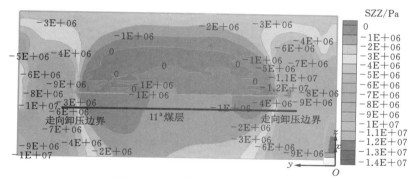

图 2-12　11#煤层走向卸压保护边界

区上覆岩层垮落或弯曲下沉压实采空区矸石,采空区内局部范围应力逐渐恢复稳定,垂直应力约为−2.0 MPa,垂直应力仍比原岩应力要小。根据垂直应力沿工作面倾斜方向的变化规律,划定卸压保护范围沿倾斜方向的卸压角 δ_3、δ_4 分别约为 82°、85°,如图 2-15 所示。

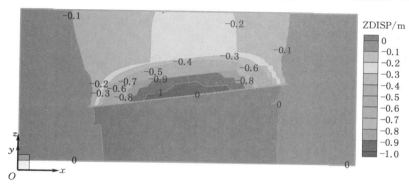

图 2-13　上保护层 8# 煤层开采后倾斜方向岩层垂直位移分布情况

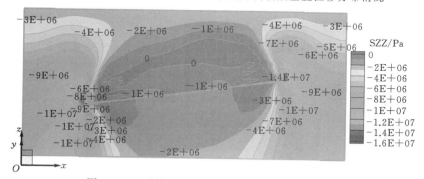

图 2-14　11#煤层沿倾向剖面垂直应力分布情况

根据数值模拟结果可以得出,该煤矿上保护层 8# 煤层开采后,以地应力降低 10% 为标准,模拟得其走向和倾斜方向的卸压角为:走向剖面的卸压角左右两端均为 63°,倾斜方向剖面的卸压角下端和上端分别为 82°、85°,卸压区的形态大致呈现“W”形。模拟结果基本能准确反映上保护层开采后的原岩应力变化特征,考虑模拟软件功能的局限性,模拟得出的卸压角是基于二次重新分布应力相对原岩应力降低 10% 而言的。

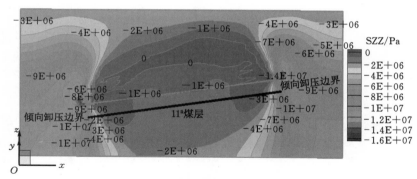

图 2-15   11#煤层倾向卸压保护边界

由于煤与瓦斯突出是煤矿一种复杂的动力现象,加之数值模拟分析时没有对瓦斯气体等因素的影响进行考虑,所以模拟得出的基础数据与实际可能存在差异。根据能量平衡理论分析,工作面煤与瓦斯突出是煤岩层瓦斯弹性能和潜能急剧释放而导致的,因此,只有当煤岩层瓦斯弹性能和潜能下降至发生突出的临界能量以下时,方可防止突出情况的出现。

2.4.3   保护层开采后保护范围的理论分析

2.4.3.1   保护层沿走向的合理超前距

保护层开采后,邻近被保护层受采动影响而发生卸压增透,从而有利于排放煤层瓦斯和提高瓦斯抽采效率。根据《防治煤与瓦斯突出细则》,正在开采的保护层采煤工作面必须超前于被保护层的掘进工作面,超前距离不得小于保护层与被保护层之间法向距离的 3 倍,并不得小于 100 m。根据该煤矿现场开采实际,上保护层 8# 煤层与下被保护层 11# 煤层之间的垂距约为 33 m,按照《防治煤与瓦斯突出细则》的上述规定计算可得,上保护层 8# 煤层采煤工作面超前于下被保护层 11# 煤层掘进工作面的水平距离须大于 100 m。

保护层开采后,受采动影响围岩和邻近煤层向采空区方向发生位移,从而引起采场周围应力二次重新分布。受采动影响,采空区底板煤岩层向采空区发生膨胀变形而形成张开裂隙;随着顶板垮落和变形,在采空区顶板中形成自然冒落拱,将应力传递给周围煤岩层,从而导致被保护层的应力分布和瓦斯参数发生改变。

2.4.3.2   保护层的最大保护垂距

保护层的保护作用与层间垂距有直接关系,保护层保护作用随垂距的增大而降低,当超过某一临界垂距时,将失去保护效果,该临界垂距称为最大保护垂距。最大保护垂距还跟保护层埋深、厚度、采煤工作面长度及顶板管理方法等因素有关。根据我国大量保护层开采实践统计分析得出,当开采煤层埋深小于 550 m,采煤工作面长度小于 120 m 时,保护层的最大保护垂距为:缓倾斜或倾斜煤层上保护层和下保护层开采时,其最大保护垂距分别为50 m、100 m;急倾斜煤层上保护层和下保护层开采时,其最大保护垂距分别为 60 m、80 m。结合数值模拟分析可知,该煤矿上保护层 8# 煤层开采后,其最大保护垂距约为 58 m。

2.4.3.3   保护层沿倾斜方向的保护范围

沿倾斜方向的卸压保护范围根据卸压角进行划定。卸压角与煤层埋深、煤层倾角及层间岩性等因素有关,苏联矿山测量科学研究院根据数值模拟和现场测定研究分析得出:$\delta_1 =$

$180° - (\alpha + Q_0 + 10°)$，$\delta_2 = \alpha + Q_0 - 10°$。式中，$\delta_1$ 为被保护层上端卸压角；δ_2 为被保护层下端卸压角；Q_0 为下沉角最大值，可观测地表移动获得该值；α 为煤层倾角。卸压角 δ_1、δ_2、δ_3、δ_4 可根据《防治煤与瓦斯突出细则》附录 E.1 规定进行理论取值，见表 2-7。表 2-7 中，δ_1、δ_2 为下保护层开采后，分别沿倾斜方向下端和上端的卸压角；δ_3、δ_4 为上保护层开采后，分别沿倾斜方向下端和上端的卸压角。根据该煤矿 $8^{\#}$ 煤层的倾角，结合表 2-7 可得，$8^{\#}$ 煤层开采后，其下方被保护层 $11^{\#}$ 煤层沿倾斜方向的卸压角上端和下端均为 75°。而根据数值模拟结果可知：该煤矿上保护层 $8^{\#}$ 煤层开采后，其下方被保护层 $11^{\#}$ 煤层沿倾斜方向的卸压角上端和下端分别约为 85°、82°。

表 2-7 保护层沿倾斜方向的卸压角

$\alpha/(°)$	$\delta_1/(°)$	$\delta_2/(°)$	$\delta_3/(°)$	$\delta_4/(°)$
0	80	80	75	75
10	77	83	75	75
20	73	87	75	75
30	69	90	77	70
40	65	90	80	70
50	70	90	80	70
60	72	90	80	70
70	72	90	80	72
80	73	90	78	75
90	75	80	75	80

2.4.3.4 保护层沿走向的保护范围

《防治煤与瓦斯突出细则》附录 E.2 规定：若保护层采煤工作面停采时间超过 3 个月且卸压比较充分，则该保护层采煤工作面对被保护层沿走向的保护范围对应于始采线、采止线以及所留煤柱边缘位置的边界线可按卸压角 $\delta_5 = 56° \sim 60°$ 划定。而根据该煤矿数值模拟结果可知：该煤矿上保护层 $8^{\#}$ 煤层工作面开采后，下被保护层 $11^{\#}$ 煤层沿走向的卸压角约为 63°。

2.5 保护层效果考察及参数测定

2.5.1 保护效果考察内容与方案

（1）考察内容

① 保护层卸压效果通过煤层瓦斯参数测定来考察，测定参数包括：煤层瓦斯含量、煤层瓦斯压力、煤层透气性系数、煤的坚固性系数、煤的瓦斯放散初速度、煤层钻孔瓦斯流量及其衰减系数等。

② 保护层开采防突效果考察内容包括：保护层与被保护层工作面之间的合理超前距、

沿走向和倾斜方向的保护范围。

保护效果与合理保护参数确定的考察指标为：① 11#煤层钻孔瓦斯流量；② 11#煤层瓦斯压力；③ 11#煤层透气性系数；④ 11#煤层膨胀变形量。

（2）考察方案

根据该煤矿现场生产实际,拟采用如下考察方案:

① 掘进专用考察巷。为缩短考察时间,将考察地点布置在被保护层工作面开切眼附近,考察数据可为矿井保护层开采及时提供参考依据;而且将考察地点布置在开切眼附近,其考察结果更安全可靠。由于该煤矿保护层开采没有布置底板瓦斯预抽巷,为了考察需要,将专用考察巷布置在运输下山(掘进 120 m)。该考察巷布置在 11#煤层底板下方 15 m 处的岩层中,巷道形状为拱形,净断面积约 8 m²,采用锚网喷浆联合支护。

② 为分析邻近被保护层的保护效果,通过对保护层开采前后煤层膨胀变形量、瓦斯压力和流量及透气性变化情况进行考察,以确定沿煤层走向和倾斜方向的卸压范围。沿煤层走向和倾斜方向在专用考察巷内各布置 1 排测压钻孔,采用注浆封孔直接测定法对煤层瓦斯压力进行测定;布置 1 排变形观测钻孔,同时作为瓦斯流量观测钻孔,安装变形测定装置后,对钻孔瓦斯流量进行测定;采用深部基点法对煤层膨胀变形量进行测定。

③ 为对被保护层 11#煤层的原始瓦斯参数进行测定,选择未受上保护层采动影响的区域在专用考察巷内布置 2 个测压钻孔。通过现场刻槽法选取煤样,在实验室对 11#煤样的孔隙率、工业分析指标、瓦斯吸附常数、瓦斯放散初速度、坚固性系数等突出危险倾向性参数进行测定;现场采用注浆封孔方法对被保护层 11#煤层的钻孔瓦斯自然涌出量和瓦斯压力进行直接测定;结合现场观测和实验室测定结果,对被保护层 11#煤层的原始瓦斯含量、钻孔瓦斯流量衰减系数、透气性系数等其他参数进行分析计算。

④ 为了对上保护层开采后沿走向和倾斜方向的卸压角进行验证分析,对下被保护层 41113 工作面沿走向和倾斜方向的矿压显现和突出预测指标等相关参数的变化情况进行现场测定。在被保护层工作面掘进和回采过程中,对沿工作面走向和倾斜方向的非卸压范围和卸压范围内的钻屑量、瓦斯涌出量、钻屑瓦斯解吸指标等参数进行考察。

2.5.2 煤的工业分析及瓦斯吸附常数

通过间接法对煤层瓦斯含量进行测定计算时,计算煤层瓦斯含量的参数包括瓦斯吸附常数和煤的工业分析指标。根据该煤矿区域性防突技术研究的需要,在 41113 工作面回风巷和四采区轨道下山采用刻槽取样法,选取 11#煤层暴露的软分层煤样 2 个。在实验室对煤样瓦斯吸附常数和工业分析指标进行测定,其结果见表 2-8。

表 2-8 煤样瓦斯吸附常数和工业分析指标

煤层	采样地点	工业分析指标/%			视密度 /(t/m³)	真密度 /(t/m³)	孔隙率 /%	瓦斯吸附常数	
		M_{ad}	A_d	V_{daf}				$a/(cm^3/g)$	b/MPa^{-1}
11#煤层	四采区轨道下山	0.39	21.70	25.24	1.30	1.48	6.29	26.731 4	0.778 6
	41113 工作面回风巷	0.49	27.01	26.25	1.27	1.59	6.62	28.690 6	0.868 6

2.5.3 煤的瓦斯放散初速度和坚固性系数

煤层突出危险性的主要指标包括煤的坚固性系数和瓦斯放散初速度,其中,煤的坚固性系数主要体现煤抵抗破坏的能力,瓦斯放散初速度主要体现煤的解吸能力。在 41113 工作面回风巷和四采区轨道下山采用刻槽取样法,对 11# 煤层暴露的软分层进行现场取样,在实验室对煤样的坚固性系数 f 和瓦斯放散初速度 Δp 进行测定,其结果见表 2-9。

表 2-9 Δp 和 f 值测定结果

煤层	采样地点	Δp/mmHg	f
11# 煤层	四采区轨道下山	15	0.32
	41113 工作面回风巷	16	0.29

2.5.4 煤层瓦斯压力

2.5.4.1 煤层瓦斯压力测定方法

（1）钻孔布置

为了对被保护层 11# 煤层沿走向和倾斜方向的瓦斯压力进行测定,设计沿保护层走向和倾斜方向各布置 1 排测压钻孔,钻孔共计 8 个,钻孔沿走向和倾斜方向间距分别为 5 m、10 m。

（2）钻孔位置的确定

① 沿煤层倾斜方向

根据数值模拟结果可知:该煤矿上保护层 8# 煤层开采后,其下被保护层 11# 煤层沿倾斜方向的卸压角上端和下端分别约为 85°、82°。再根据《防治煤与瓦斯突出细则》的规定进行理论取值,见表 2-7,可得上保护层 8# 煤层开采后,其下被保护层 11# 煤层沿倾斜方向的卸压角上端和下端均为 75°。

② 沿煤层走向

根据数值模拟结果可知:该煤矿上保护层 8# 煤层工作面开采后,下被保护层 11# 煤层沿走向的卸压角最大约为 63°。再根据《防治煤与瓦斯突出细则》的规定可知:若保护层采煤工作面停采时间超过 3 个月且卸压比较充分,则该保护层采煤工作面对被保护层沿走向的保护范围对应于始采线、采止线以及所留煤柱边缘位置的边界线可按卸压角 $\delta_5 = 56°\sim 60°$ 划定。

综上分析可得,上保护层 8# 煤层工作面开采后,沿走向的卸压角按照 60° 划定,即卸压线按照上保护层 8# 煤层 40803 工作面采止线内错距离为 21 m 进行划定。

为了对上保护层 8# 煤层开采后下被保护层 11# 煤层的瓦斯压力变化情况和沿走向的卸压范围进行有效测定,布置 4 个瓦斯压力考察钻孔,编号分别为 Z_1、Z_2、Z_3、Z_4,其中,将钻孔 Z_1 和 Z_2 布置在卸压线外,将钻孔 Z_3 布置在划定的卸压线上,将钻孔 Z_4 布置在划定的卸压范围以内,钻孔沿走向间距大致为 5 m;为了对被保护层 11# 煤层的原始瓦斯参数进行测定,在距运输下山 50 m 的考察巷内,布置 2 个瓦斯基本参数测定钻孔,编号分别为 Y_1、Y_2。考察钻孔布置示意如图 2-16 和图 2-17 所示,钻孔参数详见表 2-10。

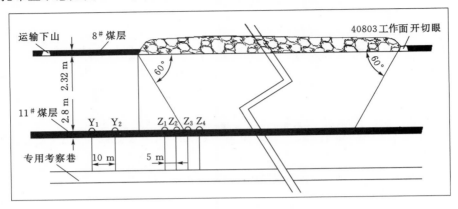

图 2-16　考察钻孔布置走向剖面图

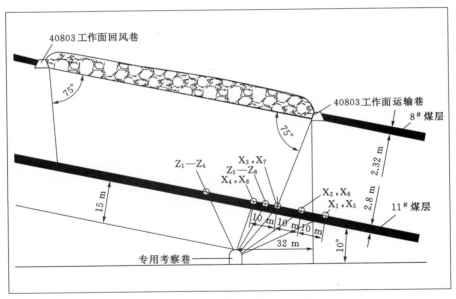

图 2-17　考察钻孔布置倾向剖面图

　　根据前面分析可知,上保护层 8# 煤层开采后,沿倾斜方向上下两端的卸压角按照 75°划定,即卸压线按照上保护层 8# 煤层 40803 工作面运输巷内错平面距离(平距)为 14.44 m 进行划定。为了对 8# 煤层开采后 11# 煤层沿倾斜方向的卸压范围进行有效测定,布置 4 个瓦斯压力考察钻孔,编号分别为 X_1、X_2、X_3、X_4,其中,将钻孔 X_1 和 X_2 布置在卸压线外,将钻孔 X_3 布置在划定的卸压线上,将钻孔 X_4 布置在划定的卸压范围以内,钻孔沿倾斜方向间距大致为 10 m。

表 2-10 考察钻孔参数

钻孔编号	孔径/mm	方位角/(°)	倾角/(°)	见煤深/m	煤孔长/m	总孔深/m	备注
X_1	75	204	21	32.58	4.35	36.93	测压钻孔
X_2	75	200	30	24.26	6.16	30.42	测压钻孔
X_3	75	199	45	18.82	3.95	22.77	测压钻孔
X_4	75	199	68	15.34	4.04	19.38	测压钻孔
Z_4	75	24	63	25.12	3.16	28.28	测压钻孔
Z_3	75	24	63	22.61	2.52	25.13	测压钻孔
Z_2	75	24	63	17.85	5.42	23.27	测压钻孔
Z_1	75	23	63	19.44	6.46	25.90	测压钻孔
Z_5	75	204	56	16.68	3.62	20.30	测变形、流量钻孔
Z_6	75	204	56	15.72	3.15	18.87	测变形、流量钻孔
Z_7	75	204	56	15.72	3.15	18.87	测变形、流量钻孔
Z_8	75	204	56	17.48	2.96	20.44	测变形、流量钻孔
X_8	75	188	68	15.56	4.32	19.88	测变形、流量钻孔
X_7	75	194	45	18.7	4.14	22.84	测变形、流量钻孔
X_6	75	196	30	25.36	6.75	32.11	测变形、流量钻孔
X_5	75	197	21	35.6	7.74	43.34	测变形、流量钻孔

针对该煤矿现场煤岩层条件,钻孔采用风力排渣,应用不取芯钻头,施工过程中采用罗盘对钻孔参数进行度量,以保证钻孔满足施工要求。在钻孔施工完毕后须对钻孔进行合格验收,并对钻孔参数、瓦斯涌出量、揭煤时的异常情况等进行现场记录。

(3)测定方法

① 根据《煤矿井下煤层瓦斯压力的直接测定方法》(AQ 1047—2007)中的规定对瓦斯压力进行测定,测压采用被动式方法,注浆封孔,如图 2-18 所示。注浆设备包括注液泵、注浆泵、测压管、压力表、注浆管、接头等。各个测压钻孔都须对孔口至测定煤层与底板交界面的整个岩孔段进行封孔,封孔时用木塞塞紧孔口,并安好注浆管;用生胶带包捆密封测压管的连接头,使其不漏气。注浆 24 h 后,手动摇注液泵将黏液通过测压管注入孔内,再安上压力表。选用量程为 6.0 MPa、精度为 1.5 级的压力表。

② 压力表安装完毕后,每 1～5 d 对表压值进行观测;当 40803 上保护层工作面开采到测压钻孔或推过测压钻孔 30～50 m 后,每 1～2 d 对表压值进行观测,测压钻孔距离工作面越近,观测表压的时间间隔越短;当保护层工作面推过测压钻孔的距离超过 50 m 时,每 3～5 d 对表压值进行观测,测压钻孔距离工作面越远,观测表压的时间间隔越长。应准确记录瓦斯压力与工作面推进距离之间的关系数据。

③ 压力表读数稳定 5～7 d 后卸下,通过测定煤层瓦斯参数的钻孔 Y_1、Y_2 对钻孔瓦斯自然涌出量进行观测。

2.5.4.2 煤层瓦斯压力测定结果

为了对 8# 煤层 40803 工作面开采后 11# 煤层的瓦斯压力进行测定,在 11# 煤层中布置

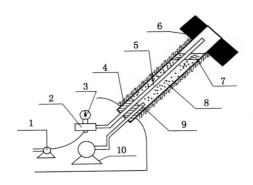

1—注液泵；2—三通阀；3—压力表；4—水楔；5—测压管；
6—煤层；7—黏液；8—水泥；9—注浆管；10—注浆泵。

图 2-18　测压钻孔封孔示意

8 个测压钻孔，编号分别为 X_1—X_4（倾斜方向卸压角考察钻孔）和 Z_1—Z_4（走向卸压角考察钻孔），观测结果如表 2-11 和图 2-19 所示。

表 2-11　40803 保护层工作面开采后 11# 煤层的瓦斯压力观测结果

孔号	终孔层位	原始瓦斯压力/MPa	测定原始瓦斯压力时距保护层工作面距离/m	残余瓦斯压力/MPa					备注
				距保护层工作面 0 m	距保护层工作面 10 m	距保护层工作面 20 m	距保护层工作面 30 m	距保护层工作面 40 m	
Z_1	11# 煤层	1.45	−180	0	0	0	0	0	走向卸压角考察钻孔
Z_2	11# 煤层	1.30	−175	0	0	0	0	0	
Z_3	11# 煤层	0.82	−170	0	0	0	0	0	
Z_4	11# 煤层	1.16	−165	0.52	0.20	0	0	0	
X_4	11# 煤层	2.60	−150	0.79	0.40	0.33	0.12	0	倾斜方向卸压角考察钻孔
X_3	11# 煤层	2.50	−150	1.98	0.75	0.84	0.42	0	
X_2	11# 煤层	2.55	−150	0	0	0	0	0	
X_1	11# 煤层	2.16	−150	0	0	0	0	0	

　　根据表 2-11 和图 2-19 可得出：在钻孔 X_1—X_4 中，当钻孔 X_1、X_2 距离 40803 工作面分别为 −10 m、−7 m 时，瓦斯压力急剧下降至零，初步判断与岩性、钻孔周围裂隙发育等因素有关，即在工作面超前支承应力影响下，考察巷承受顶板压应力和两帮、底板张应力的共同作用，靠近巷道底板的钻孔 X_1、X_2 在张应力作用下发生膨胀变形，致使钻孔周围封闭的裂隙张开并和考察巷连通，从而形成瓦斯提前卸压的假象，而此时保护层开采的卸压作用未真正开始；钻孔 X_3、X_4 测定的瓦斯压力同样出现下降趋势，但相对下降速度较慢，尤其是钻孔 X_3，当 40803 工作面推过 20 m 后，其瓦斯压力仍有 0.84 MPa，分析其原因主要是钻孔 X_3、X_4 位置靠近巷道顶板，在压应力作用下，裂隙被压实封闭，所以，没有出现提前"卸压"的现象。

　　钻孔 Z_1—Z_4 测定的原始瓦斯压力较小，初步判断其主要与 F_5 断层（为斜交横向正断层，应呈张性，走向 N5°～25°，倾向南东，倾角 50°～70°，落差 10～14 m）的影响有关。钻孔

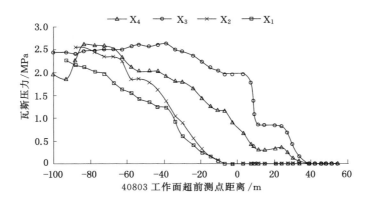

图 2-19   40803 保护层工作面开采后被保护层 11# 煤层的瓦斯压力变化情况

Z_1—Z_3 距离 F_5 断层约 50 m，断层附近煤体裂隙发育，瓦斯储存量较大，瓦斯压力较低，透气性较好。在 40803 工作面还未推进至钻孔 Z_1—Z_3 前，即钻孔 Z_1、Z_2、Z_3 距工作面距离分别为 -90 m、-75 m、-80 m 时，钻孔瓦斯压力已下降至零，分析其原因主要是钻孔 Z_1—Z_3 与 F_5 断层相距较近，受到断层裂隙的影响；另外，考察巷（Z_1—Z_3 段）受工作面前方应力集中的影响，煤岩体裂隙大量发育，钻孔通过裂隙与考察巷连通，从而使得考察钻孔内的瓦斯压力提前释放。而钻孔 Z_4 由于与 F_5 断层相距较远，基本没有受到断层的影响，所以其瓦斯压力呈缓慢下降趋势变化。

2.5.5   煤层瓦斯流量

（1）煤层瓦斯流量测定方法

① 布置考察钻孔：为了对下被保护层 11# 煤层沿走向和倾斜方向的瓦斯流量进行测定，根据上保护层 40803 工作面推进距离的变化，在 11# 煤层底板考察巷中布置 2 排考察钻孔，共计 8 个钻孔，编号分别为 Z_5、Z_6、Z_7、Z_8（走向卸压角考察钻孔）及 X_5、X_6、X_7、X_8（倾斜方向卸压角考察钻孔）。其中，钻孔 Z_5—Z_8 沿煤层走向布置，保持与走向测压考察钻孔同一孔位，倾角不同，方位对称；钻孔 X_5—X_8 沿煤层倾斜方向布置，其倾角、方位保持与倾斜方向测压考察钻孔相同，孔位相距约 5 m。现场钻孔布置示意如图 2-17 所示，钻孔参数如表 2-10 所示。

② 为了防止钻孔塌孔并且保证钻孔的施工质量，根据现场岩性情况，施工钻孔用风力排渣，钻孔进入顶板 0.3～1.0 m。施工过程中详细记录钻孔参数（包括孔径、倾角、方位、孔段长度等）及钻孔的异常情况。

③ 为防止巷道周围松动圈的影响，施工完观察钻孔并安装好变形仪之后，在观察钻孔口安装导管，导管为钢管，直径为 50 mm，长度为 3 m，将钻孔瓦斯引出孔口进行测定。

④ 安装瓦斯流量表，当保护层工作面推进到钻孔以及推过钻孔距离在 25 m 以内，对钻孔瓦斯涌出量进行测定时，观测频率为每 1～2 d 观测一次，钻孔距离工作面越近，观测的时间间隔越短；当保护层工作面推过钻孔的距离超过 25 m 时，每 3～5 d 对钻孔瓦斯涌出量进行观测，钻孔距离工作面越远，观测的时间间隔越长。应准确记录钻孔瓦斯涌出量与工作面

推进距离之间的关系数据。

（2）煤层瓦斯流量测定结果

40803 上保护层工作面开采后，测定观察钻孔的瓦斯流量，结果如表 2-12 和图 2-20 所示。

表 2-12　40803 上保护层工作面开采后下被保护层 11# 煤层的瓦斯流量测定结果

孔号	终孔层位	原始瓦斯流量带		瓦斯流量上升带		瓦斯流量衰竭带		备注
		瓦斯流量 /(m³/min)	距保护层工作面距离 /m	最大瓦斯流量 /(m³/min)	距保护层工作面距离 /m	瓦斯流量 /(m³/min)	距保护层工作面距离 /m	
Z_5	11# 煤层	0.195	+11	0.202	＞+11	0.103	＞+11	走向卸压角考察钻孔
Z_6	11# 煤层	0.205	＞−45	0.221	+12	0.107	＞+16	
Z_7	11# 煤层	0.213	＞−50	0.582	+15	0.211	＞+21	
Z_8	11# 煤层	0.135	＞−45	0.880	+19	0.317	＞+26	
X_8	11# 煤层	0.055	＞−60	0.980	+15	0.702	＞+40	倾斜方向卸压角考察钻孔
X_7	11# 煤层	0.047	＞−60	0.571	+15	0.215	＞+42	
X_6	11# 煤层	0.026	＞−60	0.166	+24	0.052	＞+40	
X_5	11# 煤层	0.077	＞−60	0.195	+24	0.113	＞+45	

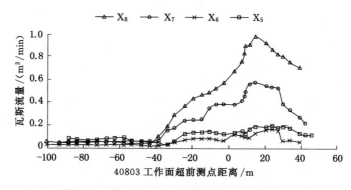

图 2-20　40803 上保护层工作面开采后下被保护层 11# 煤层的瓦斯流量变化情况

根据表 2-12 和图 2-20 可得：走向卸压角考察钻孔（Z_5、Z_6、Z_7、Z_8 钻孔）的初始瓦斯流量均较大，其值比倾斜方向卸压角考察钻孔（X_5、X_6、X_7、X_8 钻孔）的大。根据 2.5.4 小节的分析，初步判断出现该特征主要原因在于走向卸压角考察钻孔与 F_5 断层相距较近，F_5 断层为张性断层，钻孔受到断层附近裂隙破碎带的影响，其附近煤层的透气性增高，从而使得钻孔的瓦斯流量较大、初始瓦斯压力较小。

40803 上保护层工作面开采后，由考察钻孔测定的瓦斯流量都出现增高的情况，但各自上升的幅度不同。倾斜方向卸压角考察钻孔（X_5、X_6、X_7、X_8 钻孔）中，钻孔 X_7、X_8 的瓦斯流量波动幅度较为明显，距离工作面 −40 m 时急剧上升，距离工作面 20 m 时开始急剧衰减，其最大值相较初始值分别增加了 11.1 倍和 16.8 倍;而钻孔 X_5、X_6 的瓦斯流量波动幅度相对较小。走向卸压角考察钻孔(Z_5、Z_6、Z_7、Z_8 钻孔)中,钻孔 Z_7、Z_8 的瓦斯流量增幅较明显,其最大值相较初始值分别增加了 1.7 倍和 5.5 倍。

2.5.6 煤层瓦斯含量

(1)煤层瓦斯含量测定方法

煤层瓦斯含量指单位质量的煤体所包含的瓦斯量,包括吸附和游离瓦斯含量两者之和。其计算公式为:

$$W = \frac{abp}{1+bp} \frac{100 - A_d - M_{ad}}{100} \frac{1}{1+0.31M_{ad}} + \frac{10\pi p}{\rho} \tag{2-3}$$

式中　　W ——煤层瓦斯含量,m^3/t;

　　　　a,b ——瓦斯吸附常数;

　　　　p ——煤层绝对瓦斯压力,MPa;

　　　　A_d ——煤的灰分,%;

　　　　M_{ad} ——煤的水分,%;

　　　　π ——煤的孔隙率,%;

　　　　ρ ——煤的视密度,t/m^3。

(2)煤层瓦斯含量测定结果

在专用考察巷内对被保护层 11# 煤层原始瓦斯含量进行测定,将 2 个考察钻孔布置在 40803 工作面采止线外,编号分别为 Y_1、Y_2。封孔测压结果表明,考察钻孔的瓦斯压力呈现先上升后下降的变化规律,当钻孔瓦斯压力分别上升至 0.58 MPa、0.85 MPa 后,便开始呈现下降趋势,待工作面推进较远后最终趋于零。究其原因,钻孔测定结果与考察巷变形和 F_5 断层的影响有关,加之受到工作面采动的影响,考察钻孔附近煤体裂隙大量发育,裂隙与钻孔连通而导致漏气,并且考察钻孔 Y_1、Y_2 与 F_{18} 断层线相距仅 25 m,受到断层裂隙的影响,考察钻孔在受到工作面采动影响前瓦斯压力已下降至零。据此,考察钻孔 Y_1、Y_2 所测定的瓦斯压力数据不能用来计算瓦斯含量。

由于考察钻孔附近巷道变形和钻孔 Z_1—Z_8 均处于 F_5 断层影响范围内,考察钻孔所测定的瓦斯流量和压力数据不能真实反映 11# 煤层的瓦斯情况,所以,不能用来计算瓦斯含量。综上分析决定,将考察钻孔 X_3、X_4 所测定的煤层原始瓦斯压力和实验室测定的参数代入式(2-3)进行计算,得出被保护层 11# 煤层的原始瓦斯基本参数,如表 2-13 所示。

表 2-13　被保护层 11# 煤层的瓦斯含量

煤层	孔号	见煤点埋深/m	瓦斯压力/MPa	瓦斯含量/(m^3/t)
11# 煤层	X_4	366	2.6	13.870 7
	X_3	371	2.5	13.666 9

2.5.7 煤层透气性

煤层透气性直接反映瓦斯在煤体中流动的难易程度。考虑煤体吸附瓦斯的影响,瓦斯在煤体中发生黏性流动,所以在计算煤层透气性时需要考虑吸附瓦斯的影响,将其流动看作径向不稳定的流动。据此,采用中国矿业大学相关学者所提出的方法对煤层透气性系数进行直接测定,其理论基础是瓦斯在煤体中将发生径向不稳定的流动。当测得瓦斯压力最大值后,稳定 5～7 d 后将压力表拆掉,然后安装流量表对瓦斯流量进行测定,测定的时间间隔为 1 d,需要测定 10～15 d。根据煤层瓦斯径向流动理论,再结合现场所测定的瓦斯相关参数,对煤层的透气性系数进行计算。

由于变形兼流量考察钻孔 Z_5—Z_8 均处于 F_5 断层影响范围内,考察钻孔所测定的瓦斯流量数据不能真实反映被保护层 11# 煤层的瓦斯情况,所以,不能用来计算煤层的原始透气性系数。并且根据瓦斯流量考察钻孔 X_5 的现场观测报表,其流量呈现无规律的异常变化,忽大忽小甚至为零,究其原因,估计与测试人员操作不当有关,所以钻孔 X_5 观测的数据仅作参考。综上分析决定,选择能代表原始煤层透气性系数的流量考察钻孔 X_6、X_7、X_8 进行测定,11# 煤层的原始瓦斯基本参数计算结果如表 2-13 所示。40803 保护层工作面开采后被保护层 11# 煤层的透气性系数测定结果如表 2-14 和图 2-21 所示。

表 2-14　40803 保护层工作面开采后被保护层 11# 煤层的透气性系数测定结果

孔号	终孔层位	原始情况		保护层开采后情况		备注
		透气性系数 /[m²/(MPa²·d)]	距保护层工作面距离/m	透气性系数 /[m²/(MPa²·d)]	距保护层工作面距离/m	
Z_5	11# 煤层	3.245 1	+11	3.786 3	>+5	走向卸压角考察钻孔
Z_6	11# 煤层	3.852 0	>−45	4.125 4	+12	
Z_7	11# 煤层	4.842 7	>−50	14.327 1	+12	
Z_8	11# 煤层	3.152 9	>−45	31.228 0	+19	
X_8	11# 煤层	1.122 9	>−60	20.432 7	+24	倾斜方向卸压角考察钻孔
X_7	11# 煤层	1.052 9	>−60	10.947 2	+15	
X_6	11# 煤层	1.024 3	>−60	2.890 1	+21	
X_5	11# 煤层	0.344 3	>−60	1.688 7	+15	

根据表 2-14 和图 2-21 可得,40803 保护层工作面开采后,走向卸压角考察钻孔(Z_5、Z_6、Z_7、Z_8 钻孔)中,钻孔 Z_7、Z_8 测定的透气性系数呈现急剧上升的趋势,其峰值相对初始值分别增加了 2 倍、8.9 倍,其他钻孔的增幅较小;倾斜方向卸压角考察钻孔(X_5、X_6、X_7、X_8 钻孔)中,钻孔 X_7、X_8 在距离工作面 −30 m 时测定的透气性系数同样呈现急剧上升的趋势,当钻孔距离工作面 20 m 左右时,其测定的透气性系数达到峰值,峰值相对初始值分别增加了9.4 倍、17.2 倍,其他钻孔的增幅较小。

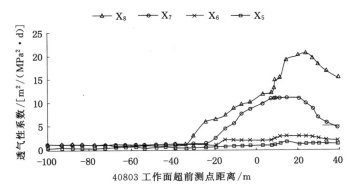

图 2-21 40803 保护层工作面开采后被保护层 11# 煤层透气性系数变化曲线

2.5.8 煤层膨胀变形量

（1）煤层膨胀变形量测定方法

将测定 11# 煤层瓦斯流量的钻孔兼作煤层膨胀变形量考察钻孔,一孔两用。本次测定煤层膨胀变形量选择扩张式基点法,其仪器结构示意如图 2-22 所示。

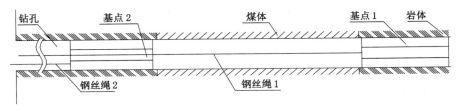

图 2-22 扩张式基点法仪器结构示意

施工测定煤层膨胀变形量的考察钻孔时,在煤层顶底板分别布置一组观察点,并安装变形仪,变形仪包括扩张式基点、重锤和钢丝绳三部分。待变形仪安装完毕后,将钢丝绳与扩张式基点进行连接,进而传递煤岩层的相对和绝对位移。扩张式基点组装方法:安装 BC-I 型变形仪前,在井上使用台钳压缩扩张式基点,在插销孔内插入插销备用。井下测点安装步骤如下:

① 在扩张式基点下端吊环上拴钢丝绳,其直径为 1 mm;并在插销上拴直径为 3 mm 的钢丝绳。

② 在扩张式基点上连接固定接头,在固定接头上连接安装杆,不能旋动固定接头(部分固定接头通过左旋连接扩张式基点)。

③ 如图 2-22 所示,将扩张式基点 1 上升到一定位置后,先用力同时拉下两根插销,再将安装杆右旋,然后退出安装杆,安装过程中注意保持安装杆的稳定。

④ 使用钢丝绳将扩张式基点 1 从扩张式基点 2 的中心孔中穿出,并穿入安装杆内。将扩张式基点 2 上升到合适位置时,先用力同时拉下两根插销,再右旋安装杆,然后将安装杆退出,安装过程中不能上下移动安装杆。

⑤ 调试及使用：完成孔内安装后，通过拽钢丝绳将基点固定牢靠，由于钢丝绳存在塑性变形，所以手拽力须小于 50 N。在孔口通过扩张式基点 1、2 的钢丝绳分别悬挂两个重锤，将其做好标记以区分基点 1、2 的位移。完成变形仪安装的全部步骤后，便可以通过测量两根钢丝绳的位移来测量煤岩层在不同时段的位移和膨胀变形量。

当考察钻孔距离 40803 保护层工作面 30~50 m 时，观测频率为每 1~3 d 测一次；当考察钻孔距离 40803 保护层工作面 50~150 m 时，每 3~5 d 测一次；当考察钻孔距离 40803 保护层工作面 150~250 m 时，每 5~10 d 测一次，待变形稳定后停止观测，详细记录观测数据。采用百分表或其他计量器具对两基点的相对位移进行测量。由于该煤矿地压大且考察巷围岩较软，现场虽采用风力排渣，但钻孔塌孔情况仍较严重，尤其在煤层底板位置钻孔，围岩相对更软，遇水极易膨胀，现场施工的小仰角钻孔基本都安装失败。现场安装成功并能观测到数据的钻孔包括 X_8、Z_8、Z_6、Z_5 钻孔，其余钻孔的变形仪（基点）均未安设成功。

（2）煤层膨胀变形量测定结果

将现场任意方向钻孔所测定的煤层变形参数代入式（2-4），进行垂直煤层层面方向的膨胀变形量换算。

$$\varepsilon_\perp = \varepsilon_e / (\cos\alpha\cos\beta + \sin\alpha\cos\theta)^2 \tag{2-4}$$

式中 　$\varepsilon_\perp$——垂直煤层层面方向的膨胀变形量；

　　　ε_e——任意方向钻孔测定的煤层膨胀变形量；

　　　α——钻孔仰角，(°)；

　　　β——钻孔方位与煤层法线的夹角（即偏角），(°)；

　　　θ——煤层倾角，(°)。

该煤矿 40803 上保护层工作面开采后，下被保护层 $11^\#$ 煤层的膨胀变形量观测结果如表 2-15 和图 2-23 所示。

表 2-15　$11^\#$ 煤层在 $8^\#$ 煤层开采后的膨胀变形情况

孔号	开始变形位置（距保护层工作面距离）/m	膨胀变形量（绝对变形量/煤层厚度）		绝对变形量		备注
		最大值	距保护层工作面距离/m	最大值/mm	距保护层工作面距离/m	
Z_5	−21	1.79×10^{-3}	+11	5.01	+11(到采止线)	走向卸压角考察钻孔
Z_6	−42	9.5×10^{-4}	+16	2.66	+16(到采止线)	
Z_8	−33	4.54×10^{-3}	+26	12.7	+26(到采止线)	
X_8	−23	1.368×10^{-2}	+40	38.3	+40	倾斜方向卸压角考察钻孔

由于该煤矿 40803 上保护层工作面提前停采，4 个变形观测钻孔（X_8、Z_8、Z_6、Z_5 钻孔）距离 40803 上保护层工作面采止线还较远，除变形观测钻孔 X_8 外，其余观测钻孔还处于初始变形阶段，其膨胀变形还不明显。

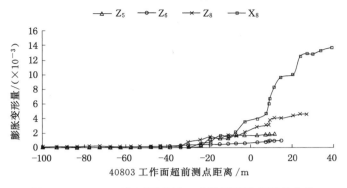

图 2-23　40803 工作面开采后 11# 煤层膨胀变形量曲线

2.6　保护层保护效果分析及保护参数确定

2.6.1　保护效果分析

为了综合分析 40803 上保护层工作面开采后对下被保护层 11# 煤层的卸压保护作用，根据现场观测的 40803 上保护层工作面开采后下被保护层 11# 煤层的各项参数，选取钻孔 X_3 观测的瓦斯压力和钻孔 X_8 观测的煤层瓦斯流量、膨胀变形量及透气性系数等参数，作出各参数的综合分析表和曲线图，如表 2-16 和图 2-24 所示。

表 2-16　40803 上保护层工作面开采后下被保护层 11# 煤层各参数综合分析表

		相对 40803 工作面位置 (L/H)	距 40803 工作面距离 L/m	11# 煤层瓦斯压力 p/MPa	11# 煤层透气性系数 λ /[m²/(MPa²·d)]	11# 煤层瓦斯流量 q/(m³/min)	11# 煤层膨胀变形量 ε/(×10⁻³)
原始应力区		<−1.8	<−60	2.5	1.12	0.055	0
应力集中区		−1.8~−1.2	−60~−40	<2.6	0.83	0.043	0
卸压区	开始卸压	−1.2~+0.36	−40~+12	2.6~0.86	15.04	0.04~0.90	0~3.98
	明显卸压	+0.36~+1.2	+12~+40	0.86~0	20.43	0.98~0.70	13.68

根据表 2-16 和图 2-24 可知，在 40803 上保护层工作面开采后，受保护层采动影响，下被保护层 11# 煤层的瓦斯流量和压力、膨胀变形量和透气性系数等参数发生较大变化。尽管部分沿走向卸压角考察钻孔（Z_5、Z_6、Z_7、Z_8 钻孔）与 40803 上保护层工作面相距较远，钻孔区域仍未进入完全卸压带而发生充分卸压，但钻孔观测的各参数变化特征仍存在一定的内在

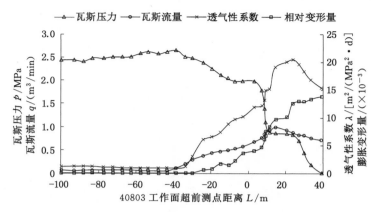

图 2-24　11[#]煤层膨胀变形量及瓦斯动力参数变化曲线

关联,结合其他钻孔观测的各参数变化特征,反映了上保护层 8[#] 煤层开采后对下被保护层 11[#] 煤层的卸压保护作用。各参数的变化规律大致呈现"三区"特征,具体分析如下:

(1) 原始应力区

原始应力区位于 40803 保护层工作面超前 60 m 以外。该区范围内的煤岩体仍处于原岩应力状态,还未受工作面采动的影响;煤层顶底板未出现明显变形;煤层瓦斯压力仍为原始值,平均为 2.5 MPa;考察钻孔的瓦斯流量较小,平均仅为 0.055 m³/min;煤层透气性系数也较小,平均仅为 1.122 9 m²/(MPa² · d)。

(2) 集中应力区

集中应力区位于 40803 保护层工作面超前 40~60 m 范围内。该区范围内的煤岩体受工作面采动影响较大,煤岩体出现应力集中现象,集中应力明显超过原岩应力,11[#] 煤层的瓦斯压力增高至 2.6 MPa,相较原岩应力增加 0.1 MPa。该区煤岩体在集中应力作用下,内部裂隙压实闭合,煤层的透气性系数明显降低,平均仅为 0.83 m²/(MPa² · d),而且钻孔瓦斯流量也下降至 0.043 m³/min。

(3) 卸压区

卸压区处于 40803 保护层工作面超前 0~40 m 和滞后 0~12 m 范围内。卸压区内 11[#] 煤层受保护层工作面采动影响后发生明显的膨胀变形,膨胀变形量升至 3.98×10^{-3};随着煤层发生膨胀变形,内部裂隙扩展贯通,煤层瓦斯大量解吸运移,此时钻孔瓦斯流量上升至 0.90 m³/min,且煤层瓦斯压力明显下降(下降至 0.86 MPa);煤层透气性系数明显增大,最大值达 15.04 m²/(MPa² · d),该值为初始透气性系数的 13.4 倍。充分卸压区处于滞后 40803 保护层工作面 12~40 m 范围内,该区域内 11[#] 煤层的膨胀变形量达到最大,约为 1.368×10^{-2},超过了《防治煤与瓦斯突出细则》中规定的 3‰;煤层瓦斯放散初速度上升明显,钻孔瓦斯流量峰值升至 0.98 m³/min,该值为卸压前的 17.8 倍;煤层透气性也明显增强,透气性系数最大值达 20.43 m²/(MPa² · d),该值为初始透气性系数的 18.2 倍;并且煤层瓦斯压力同样出现明显的下降,最终下降至零。

2.6.2　合理超前距

8[#] 煤层 40803 保护层工作面开采过程中,因为工作面提前停采,相较原设计推进距离少开采了 22 m,此时考察钻孔位于工作面后方 40 m(相当于 1.2 倍保护层与被保护层垂距)以内,而且现场巷道变形量较大,观测人员不能进入考察巷进行现场观测,所以距离 40803 保护层工作面后方 40 m 内的考察钻孔,均未能观测到 11# 煤层的钻孔瓦斯流量和压力、膨胀变形量以及透气性系数等参数。这不仅对考察卸压区及充分卸压区产生了影响,而且对确定保护层的超前距产生了影响。根据现场所能观测到的数据分析得出,在 8# 煤层 40803 保护层工作面后方 40 m,11# 煤层位于卸压保护范围内,煤层得到充分卸压保护。同时,《防治煤与瓦斯突出细则》要求,正在开采的保护层采煤工作面必须超前于被保护层的掘进工作面,超前距离不得小于保护层与被保护层之间法向距离的 3 倍,并不得小于 100 m。根据上述相关规定,并将安全系数考虑进去,该煤矿 8# 煤层保护层工作面开采过程中,超前于下被保护层 11# 煤层工作面的合理水平间距须超过 120 m。

2.6.3 沿走向卸压角

2.6.3.1 考察钻孔测定参数分析

根据 8# 煤层保护层开采后考察沿走向卸压角的需要,在 40803 工作面布置测定瓦斯压力钻孔(编号 Z_1—Z_4),以及测定煤层变形量和钻孔瓦斯流量钻孔(编号 Z_5—Z_8),各钻孔参数如表 2-17 所示。主要通过各类钻孔对煤层瓦斯压力、瓦斯流量、透气性系数以及变形量等参数进行观测。

表 2-17 考察钻孔参数

钻孔编号	倾角/(°)	孔径/mm	孔深/m	备注
Z_1	63	75	25.90	测压钻孔
Z_2	63	75	23.27	测压钻孔
Z_3	63	75	25.13	测压钻孔
Z_4	63	75	28.28	测压钻孔
Z_5	56	75	20.30	测变形、流量钻孔
Z_6	56	75	18.87	测变形、流量钻孔
Z_7	56	75	18.87	测变形、流量钻孔
Z_8	56	75	20.44	测变形、流量钻孔

由考察钻孔测定的保护层开采前后 11# 煤层有关参数如表 2-18 所示。由于沿走向考察钻孔布置于 F_5 断层附近,受断层影响,40803 工作面开采前所测 11# 煤层的瓦斯流量与透气性系数较高,瓦斯压力较低;工作面开采后煤层瓦斯压力均下降为零,瓦斯流量、透气性系数均有不同程度增加,煤层膨胀变形除 Z_7 钻孔测试钢丝绳断在孔内,无法重新连接而未考察外,其余 3 个变形考察钻孔均测出了煤层膨胀变形量。

表 2-18 保护层开采前后 11# 煤层考察参数变化情况

孔号	瓦斯压力 /MPa		瓦斯流量 /(m³/min)		透气性系数 /[m²/(MPa²·d)]		膨胀变形量 /(×10⁻³)		初步结论
	开采前	开采后	开采前	开采后	开采前	开采后	开采前	开采后	
Z_1	1.45	0							不能确定
Z_2	1.30	0							不能确定
Z_3	0.82	0							不能确定
Z_4	1.16	0							有效
Z_5			0.195	0.202	3.245 1	3.786 3	0	1.79	无效
Z_6			0.205	0.221	3.852 0	4.125 4	0	0.95	无效
Z_7			0.213	0.582	4.842 7	14.327 1			有效
Z_8			0.135	0.880	3.152 9	31.228 0	0	4.54	有效

（1）瓦斯压力

开采前，Z_1—Z_4 考察钻孔瓦斯压力较低，最大为 1.45 MPa，而按沿倾斜方向考察钻孔原始煤层瓦斯压力与埋深关系推算，沿走向考察钻孔瓦斯压力应在 2.5 MPa 左右。尽管保护层开采后，4 个沿走向的考察钻孔瓦斯压力均降至零，但从下降过程来分析，Z_1—Z_3 考察钻孔在保护层工作面未采过该孔之前就降为零，这显然不符合保护层开采瓦斯压力下降的一般规律；而 Z_4 考察钻孔为逐步衰减的，直至零，符合保护层开采的一般规律。因此，从瓦斯压力分析，Z_4 考察钻孔处于保护范围内，Z_1—Z_3 考察钻孔不能确定是否处于保护范围内。

（2）瓦斯流量

开采前，Z_5—Z_8 考察钻孔瓦斯流量较大，达 0.135～0.205 m³/min，明显与沿倾斜方向考察钻孔所测 11# 煤层原始煤体瓦斯流量（平均为 0.051 m³/min 左右）不同。保护层工作面开采后，瓦斯流量均有增加，但增加幅度并不一致，其中，Z_5、Z_6 钻孔增加较少，不到 1 倍，而 Z_7 钻孔增加了 1.7 倍，Z_8 钻孔增加了 5.5 倍；若按 11# 煤层原始煤体的钻孔瓦斯流量测算，则 Z_7 钻孔增加了 10.4 倍，Z_8 钻孔增加了 16.3 倍。因此，从瓦斯流量分析，Z_7、Z_8 考察钻孔处于卸压范围内，其他考察钻孔反映不出沿走向的卸压范围。

（3）透气性系数

从表 2-18 可得出，40803 保护层工作面开采后，11# 煤层透气性系数均有增加，但增加幅度并不一致，其中，Z_8 考察钻孔透气性系数最大，增加最多，增加了 8.9 倍（若按原始煤层透气性系数测算，则增加 26.9 倍），其次为 Z_7 考察钻孔，增加了 2 倍（若按原始煤层透气性系数测算，则增加 11.8 倍），Z_5、Z_6 考察钻孔透气性系数增加较少。

（4）煤层膨胀变形量

国内通行的煤层膨胀变形量指标为 3‰。从表 2-18 可得出，Z_8 考察钻孔的膨胀变形量达 4.54‰，Z_7 考察钻孔因钢丝绳断在孔内而无法考察，Z_6 考察钻孔为 0.95‰，Z_5 考察钻孔为 1.79‰。明显的，Z_8 考察钻孔的膨胀变形量最大。因此，从煤层膨胀变形量分析，Z_8 考察钻孔处于保护范围内，Z_5、Z_6 考察钻孔不在保护范围内，Z_7 考察钻孔无法确定。

综合以上分析可得出，瓦斯压力考察钻孔 Z_4 处于保护范围内，Z_1—Z_3 不能确定；瓦斯流

量考察钻孔 Z_7、Z_8 处于保护范围内;透气性系数考察钻孔 Z_7、Z_8 处于保护范围内;煤层变形量考察钻孔 Z_8 处于保护范围内,Z_7 无法确定;其他钻孔处于未受保护范围。考虑 40803 工作面提前停采的因素,考察钻孔 Z_4、Z_7、Z_8 应处于 8# 煤层开采后的卸压范围内,其他考察钻孔处于卸压范围外。

当 40803 工作面开采后,处于卸压边缘的 Z_7 钻孔处的 11# 煤层发生了如下变化:瓦斯流量由 0.213 m^3/min 上升至 0.582 m^3/min(受区域大断层 F_5 派生构造影响,瓦斯流量增加,从其他考察钻孔分析,原始瓦斯流量为 0.051 m^3/min),若按原始瓦斯流量计算,则增加了 10.4 倍;透气性系数从 4.842 7 m^2/($MPa^2 \cdot d$) 上升至 14.327 1 m^2/($MPa^2 \cdot d$)[受区域大断层 F_5 派生构造影响,透气性增强,从其他考察钻孔分析,原始透气性系数应为 1.122 9 m^2/($MPa^2 \cdot d$)],若按原始透气性系数计算,则增加了 11.8 倍;煤层膨胀变形量由于考察用钢丝绳断在孔内,无法重新连接而无测定参数,但综合其他参数变化情况,相对变形量应比 Z_5、Z_6 钻孔的大。

综上分析表明:11# 煤层中 Z_7 考察钻孔所在的位置处于 8# 煤层保护层开采的有效卸压范围内。Z_7 考察钻孔终孔位置距 8# 煤层工作面采止线 22.15 m,11# 煤层与 8# 煤层在此处垂距平均为 33.51 m,计算得出:8# 煤层开采以后,11# 煤层走向卸压角为 56.5°。

2.6.3.2 掘进工作面防突效果检验指标分析

考察工作面选择为 11# 煤层 41113 采煤工作面,根据矿井提供的资料,41113 工作面运输巷在未卸压保护范围掘进,因此,选择在工作面回风巷进行沿煤层走向卸压角验证考察。

41113 工作面回风巷向东掘进,沿走向最先进入 40803 工作面未卸压保护范围,后进入卸压保护范围。主要考察内容为沿该掘进工作面走向的不同距离与考察的各参数之间的关系,参数包括钻屑瓦斯解吸指标 K_1 和钻屑量 S 等,以分析验证上保护层 8# 煤层开采后 11# 煤层沿走向的卸压角。

由于考察巷道掘进时采用先抽后掘和沿空掘巷的瓦斯治理措施,所测指标为抽采后的效果检验值,尽管考察工作面采取了抽采措施,但卸压区与非卸压区的煤层瓦斯赋存并不一致,因此,测试指标应有所不同,卸压区与非卸压区的区别不在于指标是否超标,而应侧重指标的变化趋势。

(1) 钻孔布置及测试指标

当 41113 工作面回风巷进入 11# 煤层后,沿 41111 工作面采空区沿空掘巷,在掘进过程中,必须进行防突区域验证,连续考察 2 次后,当 K_1 值不超过 0.5 mL/($g \cdot min^{1/2}$),最大钻屑量 S_{max} 不超过 5 kg/m 时,方可正常掘进。掘进工作面每推进 6 m 左右,在巷道顶底、两帮的软分层中选择 3 个钻孔(中孔 1 个、边孔 2 个)进行检验,检验钻孔孔深均为 10 m,采用煤电钻施工,孔径 42 mm,控制两帮 1.5~2 m 区域,每钻进 1 m 便对该范围内的钻屑量 S 进行测定,每钻进 2 m 至少测定一次钻屑瓦斯解吸指标 K_1。若检验指标不超标,则留 3~5 m 超前距掘进;若检验指标超标,则采用小直径排放孔等防突措施,直至不超标为止。41113 工作面回风巷相邻位置关系及检验钻孔布置如图 2-25 所示。由于该掘进工作面已提前采取了预抽措施,所测 K_1 指标较小,仅有 1 次接近超标;所测钻屑量在 2.2~2.5 kg/m 之间,没有明显的波动变化,可以不作为分析的依据。

对 41113 工作面回风巷,从 40803 工作面采止线投影位置开始进行检验。由于该巷从未受保护范围向受保护范围方向掘进,在掘进初期即检验钻孔孔深 3 m 左右,测定的 K_1

图 2-25　检验钻孔布置图

指标比较高，一般在 $0.384\,1\,\mathrm{mL/(g \cdot min^{1/2})}$ 左右，在检验钻孔孔深为 $4\sim6\,\mathrm{m}$ 时，所测 K_1 指标有所下降，最大值降低至 $0.332\,7\,\mathrm{mL/(g \cdot min^{1/2})}$，且在之后的掘进过程中测定的 K_1 指标逐步降低。

当巷道掘进到离 40803 工作面采止线投影位置约 12 m 处时，K_1 指标最大值降低到 $0.231\,1\,\mathrm{mL/(g \cdot min^{1/2})}$，继续施工 3 个检验钻孔，孔深均为 8 m，在检验钻孔孔深为 3.8 m 左右出现了测值最低情况，K_1 指标突然降低到 $0.104\,5\,\mathrm{mL/(g \cdot min^{1/2})}$，且从该处开始的之后段掘进工作面每预测循环所测的 K_1 值均在 $0.1\,\mathrm{mL/(g \cdot min^{1/2})}$ 左右。可以认为，掘进工作面煤壁前方 3.8 m 处开始进入测值降低地带，经测算，测值降低地带起始位置距采止线投影位置 15.8 m。K_1 值与保护层工作面采止线内错距离关系详见图 2-26。该巷检验所测 K_1 指标最大值、平均值如表 2-19 所示。

表 2-19　41113 工作面回风巷检验所测 K_1 值

巷道名称	观测值正常带			观测值增高带		
	平均值 $/[\mathrm{mL/(g \cdot min^{1/2})}]$	最大值 $/[\mathrm{mL/(g \cdot min^{1/2})}]$	最大值处距保护层工作面采止线距离/m	平均值 $/[\mathrm{mL/(g \cdot min^{1/2})}]$	最大值 $/[\mathrm{mL/(g \cdot min^{1/2})}]$	起点距保护层工作面采止线距离/m
41113 工作面回风巷	0.099 0	0.104 5	15.8	0.268 1	0.384 1	15.8

（2）测试指标分析

从图 2-26 和表 2-19 可得出，由于 41113 工作面回风巷属于沿空掘巷，所测指标均未超标，所以无法使用观测数据判别出卸压区和非卸压区。以检验钻孔测得的 K_1 值为分析指标，以测定值明显上升为依据可以初步得出，以距保护层工作面采止线 15.8 m 位置为界，11# 煤层受保护范围位于该界线后方，此区域为观测值正常带；11# 煤层未受保护范围位于该界线前方，此区域为观测值增高带。增高带的 K_1 平均值相比正常带高出 171%，最大值高出 268%。

41113 工作面回风巷观测值增高带起始处距 40803 保护层工作面采止线 15.8 m，11# 煤层与 8# 煤层在此处垂距平均为 33.51 m，经计算得出：8# 煤层开采后，11# 煤层走向卸压角为 64.8°。

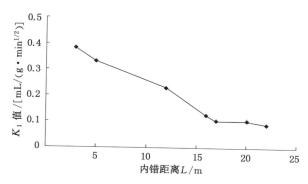

图 2-26 K_1 值与保护层工作面采止线内错距离关系曲线

2.6.3.3 掘进工作面瓦斯涌出量分析

在 41113 工作面回风巷掘进时,对瓦斯涌出量进行观测,根据工作面回风量对绝对瓦斯涌出量进行测算。该地段煤层赋存比较稳定,测算出的绝对瓦斯涌出量可基本反映煤层受采动影响情况。在煤体内部孔隙或裂隙中,瓦斯状态包括吸附和游离两种形式,当煤层受邻近层采动影响时,在邻近层开采保护范围内煤层卸压,产生大量贯通裂隙,煤层透气性增加,煤层瓦斯大量解吸成游离状态,如果未及时抽采或抽采不充分,则一旦在被保护范围内作业,卸压瓦斯将大量涌入采掘空间,从而使受保护范围瓦斯涌出量增大;在未受采动影响的煤层内,煤层瓦斯呈原始赋存状态,吸附瓦斯不容易转变为游离瓦斯,即使进行了抽采,也会因煤层未卸压,裂隙不发育,瓦斯不容易涌入采掘空间,反而瓦斯涌出量小。反之,如果提前抽采且抽采充分,则瓦斯涌出将出现相反的情况。

41113 工作面回风巷从未受保护范围逐渐进入受保护范围,当掘进至距保护层工作面采止线 17.2 m 处时,瓦斯涌出量陡然增加,由掘进初期平均值 0.64 m^3/min 增加至 1.24 m^3/min,之后掘进段的瓦斯涌出量均在 1.43 m^3/min 左右,最大值为 1.62 m^3/min,这说明掘进工作面之后已进入瓦斯涌出增加带。瓦斯涌出量与内错距离关系见图 2-27。41113 工作面回风巷瓦斯观测数据见表 2-20。

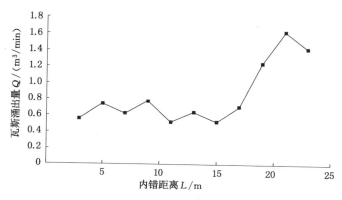

图 2-27 瓦斯涌出量与内错距离关系曲线

表 2-20 41113 工作面回风巷瓦斯观测数据

巷道名称	未受保护范围			受保护范围		
	瓦斯涌出量平均值 /(m³/min)	瓦斯涌出量最大值 /(m³/min)	起点距保护层工作面采止线距离 /m	瓦斯涌出量平均值 /(m³/min)	瓦斯涌出量最大值 /(m³/min)	最大值处距保护层工作面采止线距离 /m
41113 工作面回风巷	0.64	0.78	17.2	1.43	1.62	21

从图 2-27 和表 2-20 可得出,41113 工作面回风巷在沿空掘巷过程中,绝对瓦斯涌出量较小。通过对瓦斯涌出量的变化规律进行研究,以瓦斯涌出量出现明显下降为依据可以得出,以距保护层工作面采止线 17.2 m 位置为界,11# 煤层受保护范围位于该界线后方,此范围为保护区;11# 煤层未受保护范围位于该界线前方,此范围为非保护区。非保护区观测的瓦斯涌出量平均值相较保护区降低了 55.2%,最大值降低了 51.9%。

41113 工作面回风巷瓦斯涌出异常地带起始处距保护层工作面采止线约 17.2 m,11# 煤层与 8# 煤层在此处垂距平均为 33.51 m,计算得出:8# 煤层开采后,11# 煤层走向卸压角为 62.8°。

2.6.3.4 沿走向卸压角的确定

① 通过对 8# 煤层开采后围岩应力分布规律的数值模拟,以原岩应力降低 10% 为标准,得出 11# 煤层走向卸压角左侧为 63°、右侧为 63°,卸压区域呈明显的对称形态。数值模拟得出的走向卸压角可反映保护层开采后的最大原岩应力卸压范围。

② 对考察钻孔四参数的分析得出,Z_7 考察钻孔位置的 11# 煤层处于 8# 煤层采动卸压的有效保护范围内。Z_7 考察钻孔终孔位置距 8# 煤层工作面采止线 22.15 m,11# 煤层与 8# 煤层在此处垂距平均为 33.51 m,计算得出:8# 煤层保护层开采以后,11# 煤层走向卸压角为 56.5°。

③ 从被保护层掘进工作面防突效果检验指标 K_1 值分析结果得出,41113 工作面回风巷观测值增高带起始处距 40803 保护层工作面采止线 15.8 m,8# 煤层与 11# 煤层在此处垂距平均为 33.51 m,计算得出:8# 煤层保护层开采后,11# 煤层走向卸压角为 64.8°。

④ 从被保护层掘进工作面回风巷绝对瓦斯涌出量分析结果得出,41113 工作面回风巷瓦斯涌出异常地带起始处距保护层工作面采止线 17.2 m,11# 煤层与 8# 煤层在此处垂距平均为 33.51 m,计算得出:8# 煤层保护层开采后,11# 煤层走向卸压角为 62.8°。

综合上述关于走向卸压角的取值,通过 K_1 值分析得出的走向卸压角最大,为 64.8°,通过考察钻孔得出的走向卸压角最小,为 56.5°。从偏安全的角度考虑,确定该煤矿 8# 煤层保护层开采后,被保护层 11# 煤层走向卸压角为 56°。上保护层 8# 煤层开采后沿走向的卸压范围如图 2-28 所示。

2.6.4 沿倾斜方向卸压角

2.6.4.1 考察钻孔测定参数分析

根据 8# 煤层保护层开采后考察沿倾斜方向卸压角的需要,在 40803 工作面布置测定瓦

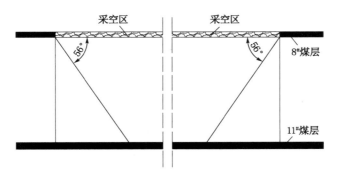

图 2-28 上保护层 8# 煤层沿走向的卸压范围

斯压力钻孔(编号 X_1—X_4),以及测定煤层变形量和钻孔瓦斯流量钻孔(编号 X_5—X_8),各钻孔参数如表 2-21 所示。主要通过各类钻孔对煤层瓦斯压力、瓦斯流量、透气性系数以及变形量等参数进行观测。

表 2-21 考察钻孔参数

钻孔编号	孔深/m	倾角/(°)	孔径/mm	备注
X_4	19.38	68	75	测压钻孔
X_3	22.77	45	75	测压钻孔
X_2	30.42	30	75	测压钻孔
X_1	36.93	21	75	测压钻孔
X_8	19.88	68	75	测变形、流量钻孔
X_7	22.84	45	75	测变形、流量钻孔
X_6	32.11	30	75	测变形、流量钻孔
X_5	43.34	21	75	测变形、流量钻孔

由考察钻孔测定的保护层开采前后 11# 煤层有关数据如表 2-22 所示。沿煤层倾斜方向的考察钻孔未受 F_5 断层派生构造的影响,4 个测压钻孔基本反映了 11# 煤层的原始瓦斯压力,4 个测变形、流量钻孔基本反映了 11# 煤层的原始瓦斯流量、透气性系数、钻孔瓦斯流量衰减系数等煤层瓦斯基本参数。

表 2-22 保护层开采前后 11# 煤层考察参数变化情况

孔号	瓦斯压力 /MPa		瓦斯流量 /(m³/min)		透气性系数 /[m²/(MPa²·d)]		膨胀变形量 /(×10⁻³)		初步结论
	开采前	开采后	开采前	开采后	开采前	开采后	开采前	开采后	
X_4	2.60	0							有效
X_3	2.50	0							有效
X_2	2.55	0							不能确定
X_1	2.16	0							不能确定

表 2-22(续)

孔号	瓦斯压力 /MPa		瓦斯流量 /(m³/min)		透气性系数 /[m²/(MPa²·d)]		膨胀变形量 /(×10⁻³)		初步结论
	开采前	开采后	开采前	开采后	开采前	开采后	开采前	开采后	
X_8			0.055	0.980	1.122 9	20.432 7	0	13.68	有效
X_7			0.047	0.571	1.052 9	10.947 2			有效
X_6			0.026	0.166	1.024 3	2.890 1			无效
X_5			0.077	0.195	0.344 3	1.688 7			无效

测定 11#煤层瓦斯流量、透气性系数、膨胀变形量的 4 个钻孔中,当保护层开采后,其瓦斯流量、透气性系数均有不同程度增加;但测定煤层膨胀变形量的钻孔中,除 X_8 钻孔变形仪安装成功外,其余钻孔均因垮孔严重未安装到位。

(1)瓦斯压力

开采前,X_1—X_4 考察钻孔瓦斯压力均较高,且随埋深增加相应增大,最大为 2.60 MPa,应为煤层原始瓦斯压力。从瓦斯压力分析,尽管保护层开采后 4 个沿倾斜方向考察钻孔瓦斯压力均降至零,但从下降过程来分析,X_1、X_2 考察钻孔在距 40803 保护层工作面 -3 m、-6 m 时瓦斯压力陡降为零,这显然不符合保护层开采的一般规律;而 X_3、X_4 考察钻孔为逐步衰减的,直至保护层工作面采过 36 m 后衰减为零,符合保护层开采的一般规律。其中,X_3 考察钻孔衰减较慢,X_4 考察钻孔衰减较快。因此,从瓦斯压力分析,X_3、X_4 考察钻孔应处于保护范围内,X_1、X_2 考察钻孔不能确定是否处于保护范围内。

(2)瓦斯流量

开采前,X_5—X_8 考察钻孔瓦斯流量为 0.026~0.077 m³/min。40803 保护层工作面开采后,考察钻孔瓦斯流量均有增加,但增加幅度并不一致,其中 X_5、X_6 钻孔增加较少,为 1.5~5.4 倍,而 X_7 钻孔增加了 11.1 倍,X_8 钻孔增加了 16.8 倍,X_7、X_8 钻孔瓦斯流量相对 X_5、X_6 钻孔的增加明显。因此,从瓦斯流量分析,考察钻孔 X_7、X_8 处于卸压保护范围内。

(3)透气性系数

从表 2-22 可得出,40803 保护层工作面开采后,11#煤层透气性系数均有增加,但增加幅度并不一致。其中,X_8 考察钻孔透气性系数最大,增加最多,增加了 17.2 倍,其次为 X_7 考察钻孔,增加了 9.4 倍;考察钻孔 X_5、X_6 透气性系数增加较少,为 1.8~3.9 倍。因此,从透气性系数分析,X_7、X_8 考察钻孔处于倾斜方向卸压范围内,其他考察钻孔反映不出沿倾斜方向的卸压范围。

(4)煤层膨胀变形量

从表 2-22 可得出,X_8 考察钻孔的膨胀变形量达 13.68‰,远大于 3‰ 的指标,该考察钻孔应处于保护层 8#煤层开采的卸压范围内;其他钻孔因无法安设变形仪而未考察出膨胀变形量,暂时不能确定其是否处于卸压范围内。

综合以上分析可得出,瓦斯压力考察钻孔 X_3、X_4 处于 8#煤层开采后的保护范围内,X_1、X_2 考察钻孔不在保护范围内;瓦斯流量考察钻孔 X_7、X_8 处于保护范围内,其他考察钻孔不在保护范围内;透气性系数考察钻孔 X_7、X_8 处于保护范围内,其他考察钻孔不在保护范内;煤层变形量考察钻孔 X_8 处于保护范围内,其他钻孔因无法安装变形仪而不能确定,但综合瓦斯压力、瓦斯流量、透气性系数等测点值,推测 X_7 考察钻孔处于保护范围内,其他钻孔不在保护范围内。因此,考察钻孔 X_3、X_4、X_7、X_8 处于 8# 煤层开采的卸压范围内,其他考察钻孔不在卸压范围内。

当 8# 煤层 40803 工作面开采后,处于卸压边缘的 X_3、X_7 钻孔处的 11# 煤层发生了如下变化:考察钻孔 X_3 的瓦斯压力呈现下降趋势,其值从 2.5 MPa 下降为零,满足《防治煤与瓦斯突出细则》规定的瓦斯压力小于 0.74 MPa 的要求;考察钻孔 X_7 的瓦斯流量呈现上升趋势,其值从 0.047 m³/min 上升到 0.571 m³/min,增加了 11.1 倍;考察钻孔 X_7 的透气性系数由 1.052 9 m²/(MPa²·d) 增加到 10.947 2 m²/(MPa²·d),增加了 9.4 倍;考察钻孔 X_7 因无法安装变形仪而未测得煤层膨胀变形量参数,但从该钻孔测定的其他参数推测其应在卸压范围内。以上分析说明:考察钻孔 X_3、X_7 处于 8# 煤层保护层的有效卸压范围内,该范围内的被保护层 11# 煤层产生卸压效果。考察钻孔 X_3、X_7 终孔点内错 40803 保护层工作面运输巷约为 16.8 m,此处 8#、11# 煤层垂距约为 33.51 m,经计算,8# 煤层保护层开采以后,11# 煤层沿倾斜方向卸压角为 71.1°。

2.6.4.2 掘进工作面防突效果检验指标分析

考察工作面选择为 11# 煤层 41113 采煤工作面。若验证保护层工作面开采后,被保护层工作面沿倾斜方向卸压角,则可以在被保护层工作面上山掘进时进行考察。41113 被保护层工作面上山掘进巷道为开切眼,本次考察验证工作选择在该工作面开切眼进行。

该开切眼从 41113 工作面运输巷开口向上掘进,沿倾斜方向先进入 40803 工作面未保护范围,后进入卸压保护范围。通过考察掘进工作面沿倾斜方向处于非卸压区与卸压区时,相关瓦斯参数(钻屑量 S、钻屑瓦斯解吸指标 K_1 等)的变化特征,以分析验证上保护层开采后沿倾斜方向卸压角。

(1)钻孔布置及测试指标

41113 工作面开切眼在掘进过程中,必须进行防突区域验证,连续考察 2 次后,当 K_1 值不超过 0.5 mL/(g·min^{1/2}),最大钻屑量 S_{max} 不超过 5 kg/m 时,方可正常掘进。掘进工作面每推进 6 m 左右,在巷道顶底、两帮的软分层中选择 3 个钻孔进行检验(中孔 1 个,边孔 2 个),检验钻孔孔深均为 10 m,采用煤电钻施工,孔径 42 mm,控制两帮 1.5~2 m,钻孔每钻进 1 m 便对该范围内的钻屑量 S 进行测定,钻孔每钻进 2 m 至少测定一次钻屑瓦斯解吸指标 K_1。若检验指标不超标,则留 3~5 m 超前距掘进;若检验指标超标,则采用小直径排放孔等防突措施,直至不超标为止。41113 工作面开切眼相邻位置关系及检验钻孔布置如图 2-29 所示。

该开切眼掘进期间所测钻屑量均低于 2.0 kg/m,钻屑量没有明显的升高或降低,可以不作为分析的依据,应以 K_1 指标作为分析验证的依据。

尽管考察开切眼掘进时,采用先抽后掘的瓦斯治理措施,所测指标为抽采后的效果检验值,K_1 指标无超标现象,但卸压区与非卸压区的煤层瓦斯赋存并不一致,因此,测试指标应有所不同,卸压区与非卸压区的区别不在于指标是否超标,而应侧重指标的变化趋势。

41113 工作面开切眼从运输巷开口开始进行检验,由于该巷从未受保护范围向受保护范围方向掘进,因此该巷在未受保护范围掘进时,测定的 K_1 指标比较高,一般在 0.2 mL/(g·min^{1/2}) 以上,最大值为 0.425 1 mL/(g·min^{1/2});而进入受保护范围掘进时,观测值一般低于 0.2 mL/(g·min^{1/2}),最大值仅为 0.173 5 mL/(g·min^{1/2})。

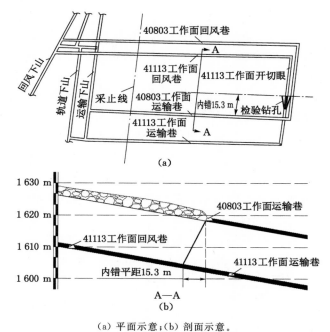

（a）平面示意；（b）剖面示意。

图 2-29 巷道关系与检验钻孔布置示意

当实施开切眼第 14 次检验循环时，观测值明显下降，所测 K_1 指标比以前偏低，最大值仅为 0.122 4 mL/(g·min$^{1/2}$)，而对应第 13 次检验循环钻孔在 8～9 m 孔段 K_1 指标为 0.291 7 mL/(g·min$^{1/2}$)，可以认为第 14 次检验循环时迎头处进入观测值正常带。从该处开始的之后段开切眼掘进每检验循环所测的 K_1 最大值不大于 0.2 mL/(g·min$^{1/2}$)（最大值为 0.173 5 mL/g·min$^{1/2}$），因此可以认为，第 14 次检验循环迎头处开始进入观测值正常带，经测算，该处距保护层工作面运输巷水平投影位置平距为 15.3 m。K_1 值与保护层工作面运输巷水平投影的内错斜距关系详见图 2-30。图 2-30 中斜距负值表示该测值位于保护层工作面运输巷水平投影的外侧，即外错距离，图中距离均为斜距。

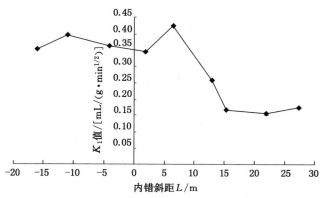

图 2-30 K_1 值与保护层工作面运输巷水平投影的内错斜距关系曲线

41113 工作面开切眼所测 K_1 指标最大值、平均值如表 2-23 所示。

表 2-23　41113 工作面开切眼检验所测 K_1 值

巷道名称	观测值正常带			观测值增高带		
	平均值/[mL/(g·min$^{1/2}$)]	最大值/[mL/(g·min$^{1/2}$)]	最大值处距保护层工作面运输巷平距/m	平均值/[mL/(g·min$^{1/2}$)]	最大值/[mL/(g·min$^{1/2}$)]	起点距保护层工作面运输巷平距/m
41113 工作面开切眼	0.164 4	0.173 5	27.4	0.356 4	0.425 1	15.3

（2）测试指标分析

从图 2-30 和表 2-23 可得出，由于 41113 工作面在掘进开切眼时，严格执行了先抽后掘措施，所以现场观测的指标均未超限。以检验钻孔测得的 K_1 值为分析指标，以测定值明显下降为依据可以得出，以距保护层工作面运输巷斜距 15.5 m（平距 15.3 m）位置为界，11$^\#$ 煤层受保护范围位于该界线后方，此范围为保护区；11$^\#$ 煤层未受保护范围位于该界线前方，此范围为非保护区。非保护区观测的 K_1 平均值相较保护区上升了 117%，最大值上升了 145%。

41113 工作面开切眼 K_1 值增高带起始处距 40803 保护层工作面运输巷斜距为15.5 m，平距为 15.3 m，11$^\#$ 煤层与 8$^\#$ 煤层在此处垂距平均为 33.51 m，计算得出：8$^\#$ 煤层保护层开采后，11$^\#$ 煤层沿倾斜方向卸压角为 73.6°。

2.6.4.3　掘进工作面瓦斯涌出量分析

鉴于该掘进巷道煤层赋存较为稳定，其瓦斯涌出量可基本反映该掘进工作面瓦斯赋存情况。41113 工作面开切眼未提前在煤层卸压时抽采，而在掘进时采用边掘边抽瓦斯治理措施，抽采时间较短，抽采不充分，因此，根据前述原因，掘进工作面瓦斯涌出特征表现为受保护范围内瓦斯涌出量大于未受保护范围内的。

该开切眼掘进从未受保护范围逐渐进入受保护范围，掘进初期瓦斯涌出量较低，当掘进至距 40803 保护层工作面运输巷投影内错斜距为 13.3 m 时，瓦斯浓度突然增大，不得不停止作业，增加 1 台局部通风机供风，直到瓦斯浓度降至 1% 以下方才恢复掘进工作。这说明开切眼掘进至距 40803 保护层工作面运输巷投影内错斜距为 13.3 m（平距为 13.1 m）时进入受保护范围。41113 工作面开切眼瓦斯涌出特征如表 2-24 所示。瓦斯涌出量与内错斜距关系见图 2-31。

表 2-24　41113 工作面开切眼瓦斯涌出特征

巷道名称	未受保护范围			受保护范围		
	瓦斯涌出量平均值/(m^3/min)	瓦斯涌出量最大值/(m^3/min)	起点距保护层工作面运输巷斜距/m	瓦斯涌出量平均值/(m^3/min)	瓦斯涌出量最大值/(m^3/min)	最大值处距保护层工作面运输巷斜距/m
41113 工作面开切眼	2.4	2.62	13.1	4.64	4.65	18.3

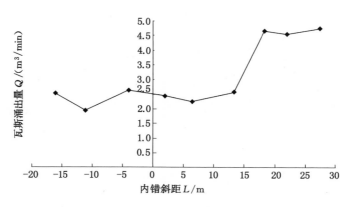

图 2-31　瓦斯涌出量与内错斜距关系曲线

从图 2-31 和表 2-24 可得出,尽管开切眼掘进工作面采用了抽采的瓦斯治理措施,但瓦斯抽采并不充分,回风流中绝对瓦斯涌出量较大,在未受保护范围内,基本达到 2 m³/min 以上;在受保护范围内,瓦斯涌出量基本在 4 m³/min 以上。以瓦斯涌出量明显上升为依据可以得出,以距保护层工作面运输巷投影斜距 13.3 m 位置为界,11# 煤层受保护范围位于该界线后方,此范围为保护区;11# 煤层未受保护范围位于该界线前方,此范围为非保护区。受保护范围的平均瓦斯涌出量比未受保护范围增加了 93%,最大值增加了 77%。

41113 工作面开切眼瓦斯涌出异常地带起始处距保护层工作面运输巷投影斜距为 13.3 m,内错距离(平距)为 13.1 m,11# 煤层与 8# 煤层在此处垂距平均为 33.51,计算得出: 8# 煤层保护层开采后,11# 煤层沿倾斜方向卸压角为 77.3°。

2.6.4.4　沿倾斜方向卸压角的确定

① 通过对 8# 煤层开采后围岩应力分布规律的数值模拟,以原岩应力降低 10% 为标准,得出 8# 煤层作为上保护层开采后,11# 煤层沿倾斜方向卸压角在上山方向为 85°,在下山方向为 82°。

② 根据《防治煤与瓦斯突出细则》附录 E.1 的规定进行理论分析,得出 8# 煤层开采后,11# 煤层沿倾斜方向卸压角在上山方向和下山方向均为 75°。

③ 对考察钻孔四参数的分析得出,X_3、X_7 考察钻孔位置的 11# 煤层处于 8# 煤层采动卸压的有效保护范围内。X_3、X_7 考察钻孔终孔点内错 40803 保护层工作面运输巷约 16.8 m,此处 8#、11# 煤层垂距平均为 33.51 m,经计算,8# 煤层开采以后,11# 煤层沿倾斜方向卸压角为 71.1°。

④ 从被保护层掘进工作面防突效果检验指标 K_1 值分析得出,41113 工作面开切眼 K_1 值发生变化而进入瓦斯异常地带起始处距 40803 保护层工作面运输巷斜距为 15.5 m,平距为 15.3 m,11# 煤层与 8# 煤层在此处垂距平均为 33.51 m,计算得出:8# 煤层开采后,11# 煤层沿倾斜方向卸压角为 73.6°。

⑤ 从被保护层掘进工作面回风流中绝对瓦斯涌出量分析结果得出,41113 工作面开切眼瓦斯涌出异常地带起始处距 40803 保护层工作面运输巷内错斜距为 13.3 m,平距为 13.1 m,11# 煤层与 8# 煤层在此处垂距平均为 33.51 m,计算得出:8# 煤层开采后,11# 煤层沿倾斜方向卸压角为 77.3°。

　　综合上述分析结果,数值模拟得出的沿倾斜方向卸压角最大,在上山方向为85°,在下山方向为82°;考察钻孔得出的沿倾斜方向卸压角最小,为71.1°。考虑一定的安全系数,取8#煤层开采后11#煤层沿倾斜方向卸压角为71°。8#煤层开采后,11#煤层沿倾斜方向的受保护范围如图2-32所示。

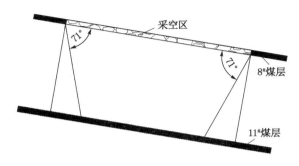

图 2-32　11#煤层沿倾斜方向的受保护范围

2.7　本章小结

　　本章以国内外保护层开采的大量理论研究成果、实测数据和资料为依据,充分论证了试验煤矿保护层开采的可行性和必要性;采用理论分析结合数值模拟方法对保护层开采进行了定性分析;现场实测了保护层开采前、开采中、开采后11#煤层诸多参数变化情况,分析了保护层保护效果,初步确定了11#煤层沿走向、倾向的受保护范围;在保护层开采后,根据钻屑瓦斯解吸指标K_1值和掘进期间巷道瓦斯涌出量变化规律对工作面防突效果进行了验证;系统、完整地开展了保护层开采考察研究,认为该煤矿以8#煤层作为保护层开采后,在其有效保护范围内,消除了下部11#煤层的突出危险性,并最终确定了11#煤层的受保护范围和合理超前距。主要得出以下结论:

　　(1)该煤矿上保护层8#煤层开采后,在其有效保护范围内,下被保护层11#煤层的瓦斯压力下降至零,满足《防治煤与瓦斯突出细则》规定的小于0.74 MPa的要求;11#煤层膨胀变形量峰值为13.68‰,满足《防治煤与瓦斯突出细则》规定的有效膨胀变形量为3‰的要求;钻孔瓦斯流量峰值达0.98 m³/min,该值为原始瓦斯流量的17.8倍;11#煤层透气性系数上升至20.43 m²/(MPa²·d),该值为初始透气性系数的18.2倍。这充分说明了保护层开采的防突效果明显。

　　(2)在考虑一定的安全系数的情况下,该煤矿上保护层8#煤层开采后下被保护层11#煤层沿走向卸压角取56°,沿倾斜方向卸压角取71°。在实际划定保护范围时,内错距离应根据具体工作面的煤层赋存情况确定,且在具体取值时,层间垂距和煤层倾角应取大值。该煤矿上保护层8#煤层采煤工作面超前下被保护层11#煤层掘进工作面的水平距离须大于120 m。

　　(3)由于该煤矿地质条件复杂,试验工作面靠近断层,加之钻孔施工困难,部分测试钻孔失效,保护层开采前后被保护层的瓦斯压力、膨胀变形量、瓦斯流量及透气性系数等参数的考察数据有限,虽能大致反映保护层开采后的卸压趋势,但对保护层保护范围的全面、精确考察有一定影响。建议开采保护层时,要明确保护层的确切的保护范围,在布置被保护层工作面时,应充分考虑保护层的卸压保护范围,避免发生瓦斯动力灾害事故;工作面尽量采用无煤柱或留窄煤柱(宽 4~6 m)开采的方式。

3 高突矿井沿空掘巷卸压防突技术

3.1 工 程 概 况

试验工作面选取贵州水城矿业(集团)有限责任公司某煤矿二叠系龙潭组 11# 煤层的 41113 工作面,该工作面平面布置示意如图 3-1 所示。

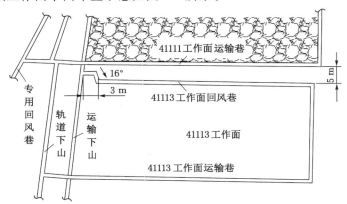

图 3-1 41113 工作面平面布置示意

(1) 顶底板岩性

11# 煤层的直接顶为灰黑色的薄层状砂质泥岩,具缓波状层理,含少量植物化石和铁质结核,厚度在 0.10~18.99 m 之间,平均厚度为 7.58 m;基本顶以中厚层状的细砂岩为主,具波状和水平层理,呈灰色、细粒状,含菱铁矿结核,以及少量钙质,厚度在 4.42~33.89 m 之间,平均厚度为 13.47 m;直接底为松软易碎的泥岩,含黏土质,厚度在 2.29~5.44 m 之间,平均厚度为 3.82 m;老底为深灰色的粉砂岩,层理发育,呈细粒状,含大量植物化石碎片,厚度在 0.25~8.78 m 之间,平均厚度为 3.68 m。

(2) 水文地质

41113 工作面北部为 41111 工作面采空区,在掘进回采巷道前已提前排放了 41111 工作面采空区内的积水,目前 41111 工作面回风巷无水压,几个出水点的水量均不大。41113 工作面地表无积水区及河流,上覆地层无小煤窑积水区及富含水层,也不受断层水影响。地表降雨渗透至 41111 工作面采空区为 41113 工作面的主要涌水源。41111 工作面采空区水从 41113 工作面回风巷流入,41113 工作面回采至今,通过实测 41111 工作面涌水得出,其采空区涌水量为 60~150 m³/h,无水压,为自流水。41113 工作面在开切眼上口施工一水窝进行埋管引水,并在运输巷设置临时水仓和排水设施进行排水,选用 2 台 150D30×2 型水泵排水,该水泵排水量为 150 m³/h,完全能满足排水要求。

（3）地质构造

现场实际揭露情况显示,在 41113 工作面运输巷 13# 测量导线点往东 2 m 处存在一条正断层(产状为 243°∠45° $H=3$ m),该断层对 41113 工作面回采影响不大,因为在未完全揭露该断层前已调向掘进 41113 工作面开切眼,并且该断层未延伸至 41113 工作面运输巷。

（4）煤质

11# 煤层为焦煤,属半暗至半亮煤,主要为半亮煤,丝炭含量为 8%～15%,煤中矿物质为以玉髓、石英为主的氧化硅类,在胞腔内充填脉状方解石。其硫分在 0.19%～1.48%之间,平均为 0.56%,属低硫煤;灰分在 14.13%～30.33%之间,平均为 20.31%;磷分在0.004 3%～0.061 2%之间,平均为 0.021 0%。中煤主要供动力用煤,精煤的主要工业用途为生产冶金焦用配煤。

（5）煤层情况

11# 煤层为该井田范围内的主采煤层,呈现块状或粉状,褐黑色或黑色,断口不平整,线理状至细条带状结构,为稳定煤层。11# 煤层含 3～5 层夹矸,一般含 2～3 层夹矸,结构复杂。其中,11# 煤层上部含 2 层高岭石泥岩夹矸,厚度在 0.02～0.05 m 之间,上层和下层分别为细晶、粗晶,层位稳定,间距约 0.10 m,对比可靠。

（6）煤尘和自然发火情况

经鉴定,11# 煤层为不易自燃煤层,自燃倾向性鉴定结果为 Ⅲ 类;煤尘爆炸指数在27%～36%之间,具有煤尘爆炸危险性。

（7）瓦斯突出情况

经鉴定,11# 煤层为突出煤层,其相对瓦斯含量为 15.78 m³/t。在开采期间须加强对瓦斯的治理。

3.2　卸压消突范围确定

《防治煤与瓦斯突出细则》第二十二条第三款规定:突出煤层的巷道优先布置在被保护区域、其他有效卸压区域或者无突出危险区域。现场实践经验表明,突出煤层上区段或下区段工作面开采后,通常在工作面采空区四周 10～15 m 宽度范围内形成卸压区域,工作面采空后四周的卸压区范围如图 3-2 所示。卸压区域内的煤体在工作面回采期间经过长时间的卸压,煤层原始瓦斯大量解吸运移,瓦斯含量明显降低,当煤层残余瓦斯压力小于 0.74 MPa时,煤层将无突出危险性,相当于巷道在无突出危险区域掘进,从而有利于提高巷道掘进速度和安全性。然而,由于采煤工艺和方法的不同,采场周围卸压消突区的范围也不尽相同,并且卸压消突区的范围受煤层产状、工作面采高及瓦斯赋存条件等因素的影响,所以卸压消突区不能完全根据实践经验进行推断,还须结合现场实际观测确定。

3.2.1　卸压消突范围理论分析

大量现场实践表明,随着工作面采空区形成时间的延长,其周围卸压消突区的范围随之

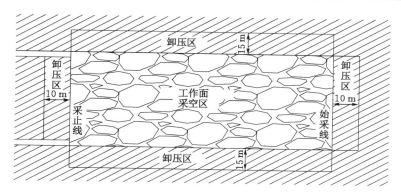

图 3-2 工作面采空区四周的卸压区域

增大,最后逐渐趋于稳定。采空区形成时间与卸压消突区范围理论值间的关系为:当 $H > 800$ m 时,$L = 29.3 - 19.4/T$;当 $H \leq 800$ m 时,$L = 17.2 - 10/T$。其中,H 为煤层埋深;T 为采空区形成时间,$T \geq 1$ a。该煤矿 $11^{\#}$ 煤层埋深平均为 400 m,形成 41111 工作面采空区的时间超过 2 a,根据上面经验公式计算得出该工作面的卸压消突区范围理论值 L 超过 12 m。

根据《矿井瓦斯涌出量预测方法》(AQ 1018—2006),巷道预排瓦斯带宽度见表 3-1。分析可知,巷道预排瓦斯带宽度随煤壁暴露时间的延长而增加,煤壁暴露 300 d 后预排瓦斯带宽度逐渐趋于稳定,其值在 $13 \sim 23.5$ m 之间。该煤矿 $11^{\#}$ 煤层为焦煤,从掘进 41111 工作面运输巷至该工作面回采完毕所经历的时间超过了 1 a,所以 41111 工作面运输巷预排瓦斯带宽度的理论值约为 18 m。

表 3-1 巷道预排瓦斯带宽度

巷道煤壁暴露时间 T/d	不同煤种巷道预排瓦斯带宽度 h/m		
	无烟煤	瘦煤、焦煤	肥煤、气煤及长焰煤
25	6.5	9.0	11.5
50	7.4	10.5	13.0
100	9.0	12.4	16.0
150	10.5	14.2	18.0
200	11.0	15.4	19.7
250	12.0	16.9	21.5
300	13.0	18.0	23.5

根据上述经验公式和表 3-1 分析得出,41111 工作面下区段(即 41113 工作面)的卸压消突范围理论值在 $12 \sim 18$ m 之间。通过分析可知,在工作面回采过程中,受采动影响煤岩体的原岩应力状态改变而发生二次应力重新分布,在采空区周边出现集中应力,集中应力随着距采空区距离的增加而呈现减弱的趋势,煤体内部发生弹塑性变形,据此在工作面煤壁前方的煤岩体中形成“三带”:卸压带、应力集中带和原岩应力带,如图 3-3 所示。

在卸压带内,受采动影响煤岩体内部裂隙大量发育,煤层透气性增加,煤层瓦斯大量解

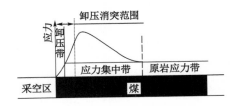

图 3-3　采空区周边煤体应力分布

吸,在压力梯度的作用下发生径向放散运移,从而使得卸压带内煤层瓦斯含量和压力降低。且当距离工作面较远后,卸压带内瓦斯含量和压力趋于稳定,最终形成一定宽度的卸压带。当工作面后方采空区形成一段时间后,卸压消突范围在一段时间内仍然会继续增大,并逐步增大至集中应力最大值区域。而在应力集中带内,在压应力作用下煤岩体内裂隙因受压而闭合,煤层透气性降低。在原岩应力带内,煤体瓦斯的运移被阻隔,并且煤层瓦斯压力梯度增高。

3.2.2　钻屑法确定卸压消突范围

检测突出煤层采掘时消突措施效果的指标,目前广泛采用残余瓦斯含量及钻屑量。煤层瓦斯压力及矿山压力也可通过钻孔的钻屑量来衡量,钻屑量随着压力的增加而增加。卸压消突范围可以根据采空区周边应力集中峰值区进行确定,所以可以通过检测煤层钻屑量变化情况来判别应力集中峰值区,进而确定卸压消突范围。

在 41111 工作面运输巷里程 120～150 m 范围,沿 41113 工作面施工 2 个顺层钻孔,钻孔深 32 m,分别测定 2 个钻孔在 28 m、25 m、22 m、19 m、16 m、13 m、11 m、9 m、7 m、5 m、3 m 处的钻屑量,各钻孔深度处测定的钻屑量数据见表 3-2,钻屑量与钻孔深度的关系如图 3-4 所示,对钻屑量数据进行线性拟合,结果如图 3-5 所示。

表 3-2　钻屑量统计结果

钻孔深度/m	钻屑量/(kg/m)	
	钻孔 1	钻孔 2
3	2.4	2.2
5	2.7	3.0
7	3.5	3.2
9	3.8	4.3
11	4.1	5.0
13	5.2	5.4
16	6.5	5.3
19	5.8	7.2
22	5.0	6.7
25	4.5	6.2
28	4.3	6.0

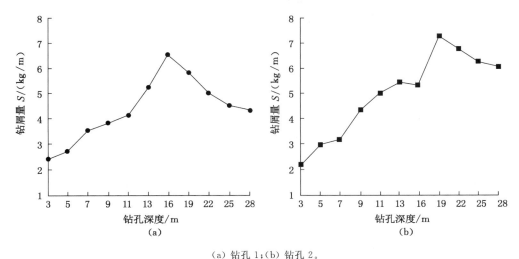

（a）钻孔 1；（b）钻孔 2。

图 3-4　钻屑量与钻孔深度的关系

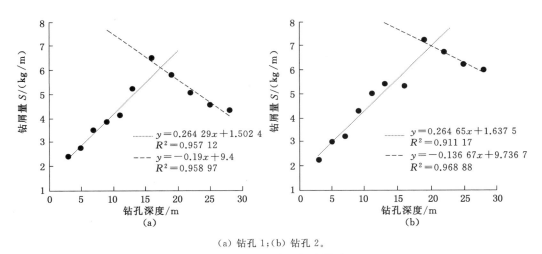

（a）钻孔 1；（b）钻孔 2。

图 3-5　钻屑量线性拟合结果

　　根据图 3-4 分析得出：当钻孔深度小于 16 m 时，钻屑量随钻孔深度的增大成正比例增加，当钻孔深度达到某值时，钻屑量将出现峰值；之后钻屑量随钻孔深度的增大成反比例降低，钻孔深度越大钻屑量反而越小。曲线中钻屑量峰值对应的钻孔深度即集中应力峰值范围。

　　根据图 3-5 分析得出：钻孔 1、2 的钻屑量的 2 条拟合直线相交于某点，该点对应的钻孔深度即峰值应力位置。根据图 3-5（a）中拟合方程求得拟合直线交点对应的钻孔深度为 17 m，同理求得图 3-5（b）中拟合直线交点对应的钻孔深度为 20 m，所以确定集中应力峰值范围为 17～20 m。

　　理论计算的集中应力峰值范围需要进行验证，以消除数据拟合时数据离散的影响，据此对 41111 工作面运输巷钻孔 1、2 的钻屑量数据进行回归分析，结果如表 3-3 所示。

表 3-3 钻屑量数据回归分析结果

孔深/m	钻孔 1 实测钻屑量 /(kg/m)	钻孔 1 回归分析结果			钻孔 2 实测钻屑量 /(kg/m)	钻孔 2 回归分析结果		
		偏差值 /(kg/m)	回归值 /(kg/m)	相对偏差 /%		偏差值 /(kg/m)	回归值 /(kg/m)	相对偏差 /%
3	2.4	0.1	2.3	4.35	2.2	−0.2	2.4	8.33
5	2.7	−0.1	2.8	3.57	3.0	0	3.0	0
7	3.5	0.1	3.4	2.94	3.2	−0.3	3.5	8.57
9	3.8	−0.1	3.9	2.56	4.3	0.3	4.0	7.50
11	4.1	−0.3	4.4	6.82	5.0	0.5	4.5	11.11
13	5.2	0.3	4.9	6.12	5.4	0.3	5.1	5.88
16	6.5	0.1	6.4	1.56	5.3	−0.6	5.9	10.17
19	5.8	0	5.8	0	7.2	0.1	7.1	1.41
22	5.0	−0.2	5.2	3.85	6.7	0	6.7	0
25	4.5	−0.2	4.7	4.26	6.2	−0.1	6.3	1.59
28	4.3	0.2	4.1	4.88	6.0	0.1	5.9	1.69

由表 3-3 得出:实测钻孔 2 钻屑量最大偏差在钻孔深度 11 m 位置,最大偏差为 0.5 kg/m,最大相对偏差也在钻孔深度 11 m 位置,相对偏差为 11.11%;实测钻孔 1 钻屑量最大偏差在钻孔深度 13 m 位置,最大偏差为 0.3 kg/m,最大相对偏差在钻孔深度 11 m 位置,相对偏差为 6.82%。计算得出试验点多数峰值区在 16~28 m 范围,其中,接近临界值 6 kg/m 的数据在 16~19 m 范围占所测数据的 100%,在 19~28 m 范围占 50%。由拟合公式回归得出的钻孔 1 最大钻屑量指标为 6.4 kg/m,位于钻孔深度 16 m 位置;钻孔 2 的最大回归值为 7.1 kg/m,位于钻孔深度 19 m 位置,与表 3-2 的实测数据大致相符。

综合数据拟合和实测的钻屑量得出:41111 工作面运输巷应力集中区在法线距离 16~19 m 范围,据此判别,41111 工作面下区段(41113 工作面)卸压消突范围在 16 m 以内。

3.2.3 由残余瓦斯含量确定的卸压消突范围

在卸压消突措施的作用下,煤层瓦斯将发生解吸运移,从而使得煤层原始瓦斯含量降低,据此可以通过检测煤层残余瓦斯含量来确定卸压消突范围。为确定 41111 工作面运输巷卸压消突范围,选择在 41111 工作面运输巷检测三组卸压带范围内的煤层残余瓦斯含量,分别在距离 41111 工作面运输巷 170 m、240 m、300 m 位置,沿下区段(41113 工作面)煤层中线平行施工 2 个顺层钻孔,钻孔深度为 26 m,检测结果如表 3-4 所示。

表 3-4 残余瓦斯含量统计结果

孔深/m	残余瓦斯含量/(m³/t)					
	170 m 钻孔 1	170 m 钻孔 2	240 m 钻孔 1	240 m 钻孔 2	300 m 钻孔 1	300 m 钻孔 2
3	4.42	3.40	4.16	2.62	5.23	3.75
5	3.57	3.24	5.52	6.12	5.14	5.63
7	4.56	5.01	5.36	4.25	5.58	4.57
9	5.12	5.45	6.23	5.58	6.75	5.68
11	5.56	6.13	6.89	5.46	6.52	6.28
13	6.54	6.29	7.26	6.24	7.41	6.87
15	7.5	6.33	7.58	7.85	7.5	7.31
17	8.6	7.49	8.72	9.14	8.74	8.44
19	9.53	8.83	10.53	9.53	11.53	8.72
21	8.62	8.54	9.42	7.56	9.62	9.21
23	7.21	7.58	8.21	7.21	8.21	8.56

根据表 3-4 分析得出:钻孔 1、2 的残余瓦斯含量随钻孔深度的增加均大致呈现先增高后下降的变化规律,当钻孔深度超过 17 m 后,煤层残余瓦斯含量接近或已达到 8 m³/t,煤层将有突出危险性。据此判别当钻孔深度超过 17 m 后,煤体进入集中应力峰值区,此时煤体承受三向压力,煤体内部发育的裂隙受压而闭合,煤层瓦斯压力梯度增大,形成煤与瓦斯突出的不利条件。

综上分析得出:根据钻屑量和煤层残余瓦斯含量,判别 41111 工作面下区段(41113 工作面)卸压消突范围为 0~16 m。

3.3 沿空掘巷窄煤柱合理宽度确定

卸压区域内的煤体在工作面回采期间经过长时间的卸压,煤层原始瓦斯大量解吸运移,瓦斯含量明显降低,当煤层残余瓦斯压力小于 0.74 MPa 时,煤层将无突出危险性,相当于巷道在无突出危险区域掘进,从而可减少防突工程量,有利于提高巷道掘进速度和安全性,也可提高煤炭资源回收率。

确定沿空掘巷窄煤柱宽度的关键在于沿空掘巷卸压消突效果,除了考虑掘巷前煤层瓦斯压力及解吸情况,还要充分考虑采空区顶板上覆岩层稳定性的影响。煤柱宽度设计的合理性,不仅影响沿空掘巷的速度,也影响煤炭资源的回收率,同时直接影响区域卸压防突的效果。

煤柱宽度设计合理有利于窄煤柱、实体煤帮和锚杆联合承载结构的稳定,也可改善围岩应力状态,使得巷道及其两侧位于应力降低的卸压区内,从而消除突出危险区,从根本上对煤与瓦斯突出进行防治。采空区侧向支承应力及瓦斯压力分布曲线如图 3-6 所示。

根据图 3-6 所示几何关系可得卸压消突范围的计算公式:

$$d \geqslant w + b + c \tag{3-1}$$

式中 d——卸压消突范围,m。根据前述钻屑法和残余瓦斯含量确定采空区卸压范围为

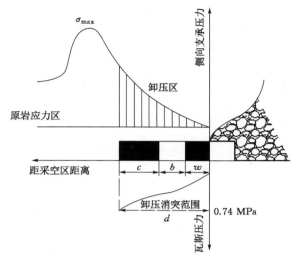

图 3-6　采空区侧向支承应力及瓦斯压力分布曲线

　　　0～16 m,取 $d=15$ m。

w——窄煤柱宽度,m。若留设的窄煤柱宽度太大,则不仅浪费煤炭资源,而且巷道承载压力大,不利于巷道的维护;若留设的窄煤柱宽度太小,则采空区封闭性较差。当卸压消突范围 d 确定后,应尽量缩小窄煤柱宽度 w,才能保证巷道布置在卸压消突范围内。我国大量现场开采实践表明,采用沿空掘巷技术时留设窄煤柱的宽度为 3～6 m。

b——沿空掘巷的宽度,结合 41113 工作面回风巷现场情况,取 $b=4$ m。

c——沿空掘巷的控制范围,m。根据《防治煤与瓦斯突出细则》和《煤矿瓦斯抽采基本指标》的规定,并结合该矿实际条件,此处取 $c=5$ m。

　　　将 $d=15$ m,$b=4$ m,$c=5$ m 代入式(3-1)得出:留设窄煤柱宽度合理范围为 0～6 m,即可满足卸压消突需求。

3.3.1　模型构建及参数设置

　　　本次模拟采用 FLAC[3D]数值模拟软件,模拟分析巷道周边支承压力分布规律与煤柱宽度之间的关系,以便确定适合突出煤层沿空掘巷卸压消突的合理煤柱宽度。结合该煤矿 11# 煤层现场开采条件,设计数值模拟模型尺寸为:走向和倾斜长度分别为 60 m、150 m,模型高度为 108.05 m。11# 煤层厚度为 2.8 m,倾角平均为 10°,沿 11# 煤层掘进 41113 工作面回风巷,巷道断面尺寸(宽×高)为 4 000 mm×2 750 mm。模型为正六面体,自下而上依次分层建立(共计 27 层,定义为 27 个组)。走向划分成 40 个网格,倾向划分成 150 个网格,根据该工作面现场实际情况,再细划分为若干等份,最后设计模型的网格数为 318 000 个、节点数为 334 314 个,数值计算模型如图 3-7 所示。41113 工作面回风巷实际埋深 450 m,距离模型上边界 50 m,所以在模型上边界施加 11 MPa 的初始垂直应力,按静水压力考虑,水平应力取 11 MPa。

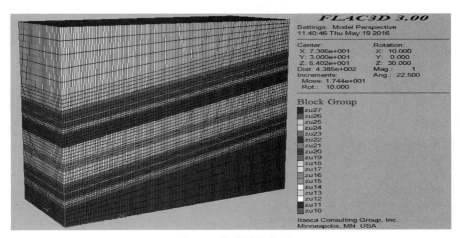

图 3-7　数值计算模型

3.3.2　数值模拟结果分析

本次数值模拟设计了 6 个不同煤柱宽度的模拟方案,煤柱的宽度分别为 2 m、3 m、4 m、5 m、6 m、10 m。图 3-8、图 3-9 为垂直应力和水平位移随煤柱宽度的变化情况,图 3-10 为不同煤柱宽度时垂直应力随距采空区距离的变化情况,图 3-11 为水平位移峰值随煤柱宽度的变化情况,图 3-12 为垂直应力峰值随煤柱宽度的变化情况,图 3-13 为巷道围岩位移分布规律。

根据图 3-8、图 3-10 和图 3-12 可知,随着煤柱宽度的不断增加,煤柱能承受的应力峰值随之增加,两者大致呈线性关系。当煤柱宽度为 2～4 m 时,垂直应力大致呈三角形分布,其峰值在 5～11 MPa 范围内,峰值均比原岩应力小,峰值区域小,但增幅较大,这表明该宽度范围的煤柱均发生了塑性破坏,其承载能力较低;当煤柱宽度为 4～6 m 时,垂直应力大致呈梯形分布,其峰值在 11～13 MPa 范围内,峰值均与原岩应力相当,峰值区域增大,这表明该宽度范围的煤柱发生了弹性变形,煤柱自身的承载能力和稳定性增强;当煤柱宽度为 6～10 m 时,垂直应力峰值在 13～24 MPa 范围内,大致呈抛物线特征,且峰值区域较大,这表明该宽度范围的煤柱承载能力进一步提高。

根据图 3-9 和图 3-11 可知,11# 煤层沿空掘进 41113 工作面回风巷后,煤柱两侧的位移均比较大,且与采空区侧煤柱的位移相比,巷道侧煤柱的位移更大。当煤柱宽度为 2～4 m 时,煤柱的巷道侧位移峰值在 24～50 mm 之间,位移峰值的增幅较大;当煤柱宽度为 4～10 m 时,随着煤柱宽度的增加,煤柱的巷道侧位移峰值呈现下降趋势,最终下降至 30 mm 左右。当煤柱宽度为 2～5 m 时,煤柱的采空区侧位移峰值在 55～100 mm 之间,且呈现逐渐增大的趋势;当煤柱宽度为 5～10 m 时,煤柱的采空区侧位移峰值在 95～100 mm 之间,且变化不明显,呈现缓慢降低的趋势。

根据图 3-13 可知,巷道底鼓变形量较小,其值保持在 10 mm 左右。而巷道顶板下沉量随着煤柱宽度的增加呈现逐渐下降的趋势,其值由煤柱宽度为 2 m 时的 35 mm 下降至煤柱宽度为 10 m 时的 11 mm。当煤柱宽度为 2～3 m 时,实体煤帮位移随着煤柱宽度的增加而增大,其值由 43 mm 增大至 56 mm;当煤柱宽度超过 3 m 时,实体煤帮位移变化不明显,其值呈现随煤柱宽度的增加而缓慢下降的趋势。

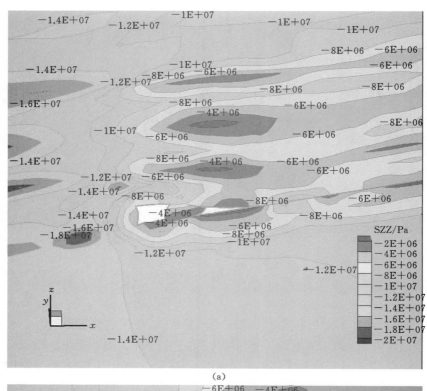

(a)

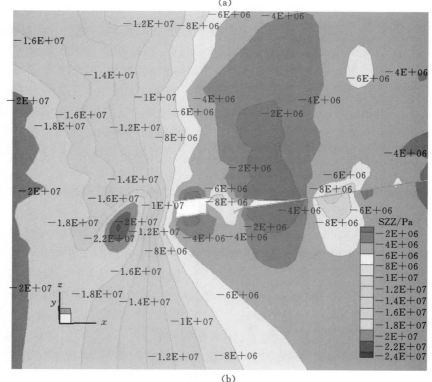

(b)

图 3-8　垂直应力等值线

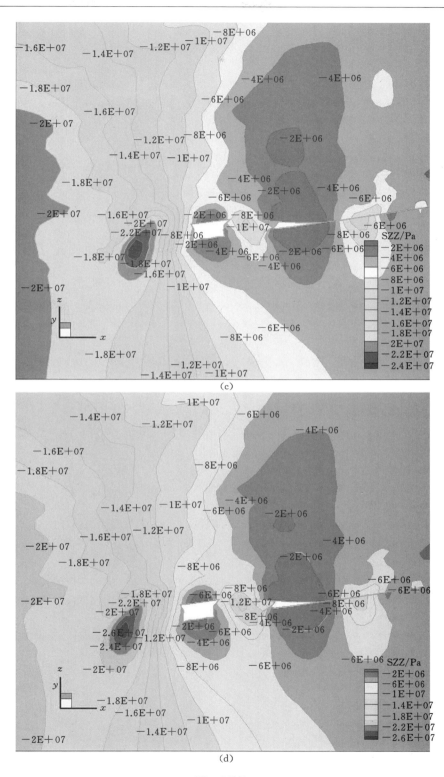

图 3-8（续）

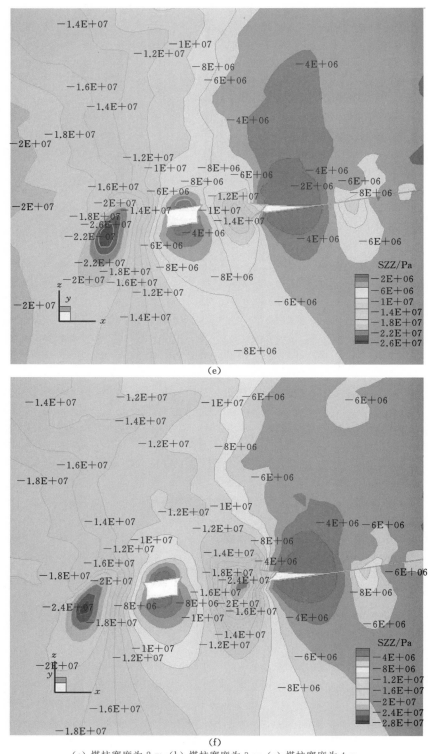

（a）煤柱宽度为 2 m；（b）煤柱宽度为 3 m；（c）煤柱宽度为 4 m；
（d）煤柱宽度为 5 m；（e）煤柱宽度为 6 m；（f）煤柱宽度为 10 m。

图 3-8（续）

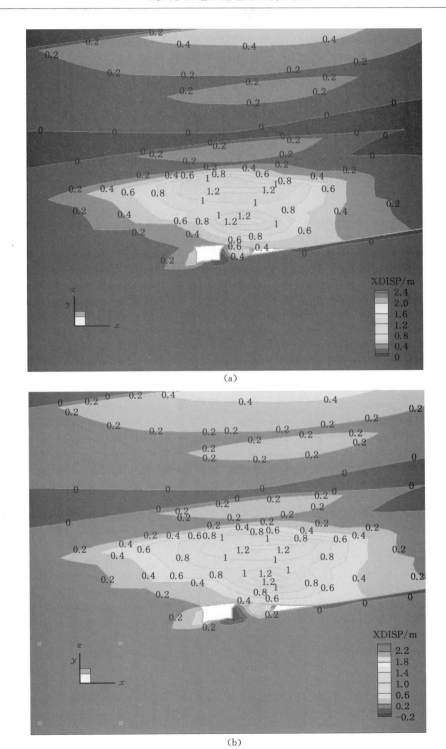

图 3-9　水平位移等值线

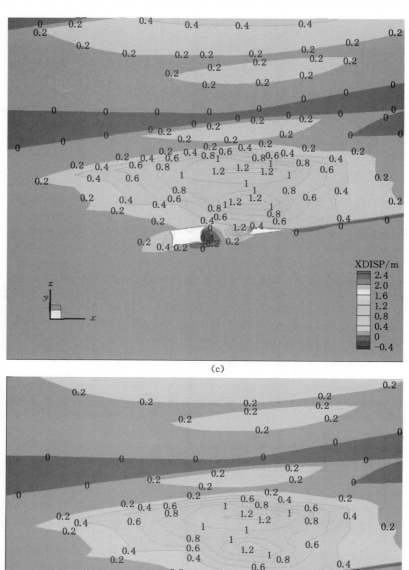

(c)

(d)

图 3-9（续）

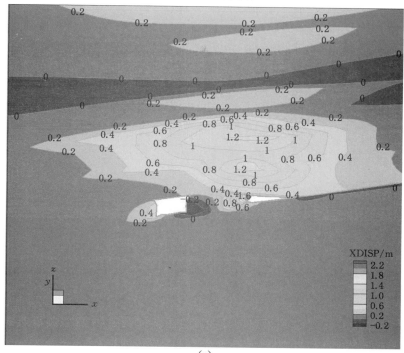

(e)

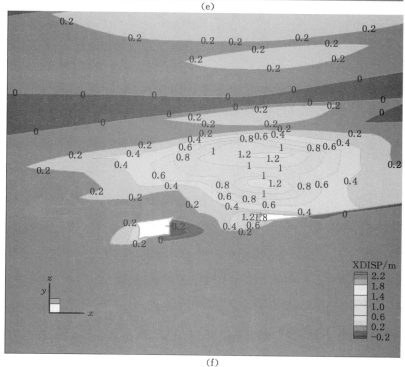

(f)

（a）煤柱宽度为 2 m；（b）煤柱宽度为 3 m；（c）煤柱宽度为 4 m；
（d）煤柱宽度为 5 m；（e）煤柱宽度为 6 m；（d）煤柱宽度为 10 m。

图 3-9（续）

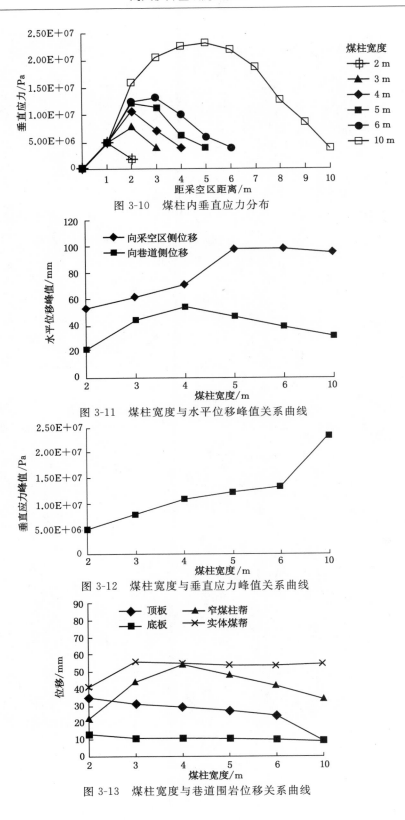

图 3-10　煤柱内垂直应力分布

图 3-11　煤柱宽度与水平位移峰值关系曲线

图 3-12　煤柱宽度与垂直应力峰值关系曲线

图 3-13　煤柱宽度与巷道围岩位移关系曲线

　　由上述模拟结果可知,当煤柱宽度为 4～6 m 时,煤柱发生了弹性变形,煤柱自身的承载能力和稳定性增强,巷道围岩的变形量减小。因此,设计该煤矿沿空掘巷留设煤柱宽度的合理范围为 4～6 m。

3.4　沿空掘巷实际考察

3.4.1　掘进期间矿压显现

　　该煤矿 41113 工作面回风巷留设煤柱宽度为 5 m。将该巷道布置在 41111 工作面下区段(41113 工作面)卸压消突范围内,考虑掘进过程中误差即偏离采空区 1 m 左右,设计巷道宽度为 4 m,断面形状为梯形,尺寸(宽×高)为 4 000 mm×2 750 mm。巷道采用锚网喷联合支护方式,选择长度为 2 500 mm、直径为 22 mm 的左旋式树脂锚杆,锚杆间距为800 mm、排距为 1 000 mm,“W”形钢带长度为 4 200 mm,所铺设钢筋网尺寸(长×宽)为1 400 mm×900 mm。为了对巷道顶板进行加强支护,在巷道顶部布置 3 根锚索,锚索直径为 21.5 mm,长度为 6 000 mm,间、排距为 2 000 mm×2 000 mm。巷道两帮采用锚网配合2 根注浆管注浆支护,注浆管直径为 15.2 mm、长度为 2 000 mm。在沿空掘巷期间,采用十字布点法对沿空掘巷的围岩变形进行观测,观测结果如图 3-14 所示。

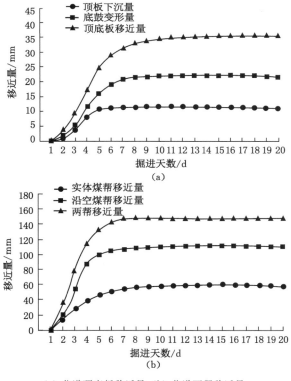

（a）巷道顶底板移近量;(b)巷道两帮移近量。

图 3-14　41113 工作面回风巷掘进期间围岩变形

根据图 3-14 可得,在 41113 工作面回风巷掘进 1～7 d 内,围岩变形量急剧增加,矿山压力显现剧烈;掘进超过 7 d 之后,围岩变形的速度开始降低并趋于平稳。41113 工作面回风巷掘进 6 d 内,巷道顶底板移近量最大值达 35 mm,其中巷道底鼓变形量为 23 mm,顶板下沉量为 12 mm;巷道两帮移近量最大值高达 157 mm,其中巷道采空区侧巷帮和实体煤侧巷帮移近量分别占 66.2%、33.8%,即采空区侧巷帮变形量更大。

综上分析可知,在巷道掘进期间,巷道顶底板移近量和移动速率均比巷道两帮移近量和移动速率要小;现场留设煤柱未出现垮落失稳情况,沿空巷道顶底板和两帮支护锚杆未出现断裂或退锚现象,沿空留巷的围岩变形在安全生产要求范围内。

3.4.2 防突效果考察

在掘进 41113 工作面回风巷之前,须连续考察防突区域 2 次,只有当最大钻屑量 S_{max} 小于 5 kg/m,K_1 值小于 0.5 mL/(g·min$^{1/2}$) 时,才能进行掘进施工。为考察巷道防突区域,每当巷道掘进 6 m 左右,沿巷道掘进方向,在其顶底板和两帮的软分层中施工 3 个验证钻孔,钻孔深度为 8 m,通过工作面预测法进行验证。现场统计的最大钻屑量指标 S_{max} 和 K_1 值见表 3-5。

表 3-5　最大钻屑量指标 S_{max} 和 K_1 值

掘进进尺/m	钻孔	钻孔深度/m	最大钻屑量 S_{max} /(kg/m)	钻屑瓦斯解吸指标 K_1 /[mL/(g·min$^{1/2}$)]
6.1	1	8	1.7	0.147 2
	2	8	2.3	0.231 4
	3	8	1.8	0.150 2
12.5	1	8	2.4	0.332 7
	2	8	1.8	0.236 1
	3	8	2.5	0.384 1
17.2	1	8	2.2	0.105 4
	2	8	2.4	0.124 4
	3	8	1.6	0.134 1
24.2	1	8	2.1	0.236 8
	2	8	1.9	0.089 8
	3	8	2.2	0.275 0

根据表 3-5 可得,3 个钻孔中 S_{max} 均小于 2.5 kg/m,平均为 2.075 kg/m,K_1 值均小于 0.4 mL/(g·min$^{1/2}$),平均为 0.203 9 mL/(g·min$^{1/2}$),3 个验证钻孔统计数据均未超过规定的临界值,所以验证区域无突出危险性,巷道在掘进过程中也没有出现瓦斯动力情况。据此判断,沿空掘进的 41113 工作面回风巷所处位置在卸压消突范围内,巷道掘进过程中按无突出危险施工管理,无须采取防突措施,只需要做好防突区域验证,并落实安全防护措施。

为了对卸压消突区的可靠性进行进一步的验证,在距 41113 工作面回风巷开口处 80～

180 m 之间布置 2 个顺层考察钻孔,沿巷道法线方向,钻孔间距为 10 m,孔深为 8 m,钻孔每钻进 1 m 便对该段的钻屑量 S 进行测定,每钻进 2 m 至少测定一次钻屑瓦斯解吸指标 K_1。S_{max} 和 K_{1max} 现场观测结果如图 3-15 所示。

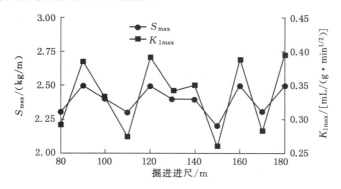

图 3-15　钻孔校验指标

根据图 3-15 可知,2 个考察钻孔的钻屑瓦斯解析指标最大值 K_{1max} 均小于规定的临界值[0.5 mL/(g·min$^{1/2}$)],S_{max} 亦均小于规定的临界值(6 kg/m)。41113 工作面回风巷实体煤帮侧 8 m 范围在卸压消突区内,此范围加上煤柱宽度 5 m 和巷道宽度 4 m,卸压消突区范围达 17 m,据此判断 41111 工作面下区段(41113 工作面)卸压消突区范围为 0~16 m 比较可靠,在掘进巷道之前,卸压消突区内的煤层瓦斯和压力已充分释放。

在掘进 41113 工作面回风巷的过程中,其瓦斯涌出量情况如图 3-16 所示,现场统计的风量和瓦斯情况如表 3-6 所示。因为 41113 工作面回风巷两帮煤体经过较长时间的卸压,煤层瓦斯已充分释放,瓦斯浓度小于 0.54%,瓦斯涌出量小于 1.58 m^3/min,在现场巷道掘进过程中没有发生瓦斯超限现象。

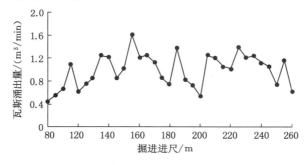

图 3-16　41113 工作面回风巷掘进过程中的瓦斯涌出量

表 3-6　41113 工作面回风巷掘进过程中的风量和瓦斯情况

时间	瓦斯浓度/%	风量/(m³/min)	瓦斯涌出量/(m³/min)
2014 年 4 月	0.32~0.41	202~211	0.76~0.85
2014 年 5 月	0.26~0.53	214~242	0.62~1.24
2014 年 6 月	0.43~0.54	207~223	0.68~1.21

表 3-6(续)

时间	瓦斯浓度/%	风量/(m³/min)	瓦斯涌出量/(m³/min)
2014 年 7 月	0.33～0.48	211～228	0.73～1.06
2014 年 8 月	0.47～0.51	216～225	0.88～1.02
2014 年 9 月	0.32～0.48	193～219	0.71～1.58

综上分析可得,41113 工作面回风巷沿空掘巷留设窄煤柱宽度为 5 m 时,巷道处于卸压消突范围内,从而消除了煤与瓦斯突出危险性,实现了高突矿井煤巷的安全高效掘进。

3.5　沿空掘巷卸压防突机理与措施

3.5.1　沿空掘巷卸压防突机理

在卸压消突范围内,受采动影响裂隙大量发育,从而使煤体透气性增大,煤层原始瓦斯大量解吸运移,瓦斯压力梯度下降,进而消除突出危险性。受沿空掘巷扰动影响后,围岩应力稳定状态再次被打破,重新分布,这会进一步改善煤体卸压增透的效果,使得卸压消突区范围继续扩大,从而有利于防治煤与瓦斯突出。通过沿空掘巷消除煤与瓦斯突出危险性的前提在于具有合适的卸压消突区,而具有合适的卸压消突区的关键又在于留设合理宽度的煤柱,所以沿空巷道在卸压消突区内掘进,可基本消除煤与瓦斯突出危险性。沿空掘巷防突原理如图 3-17 所示。

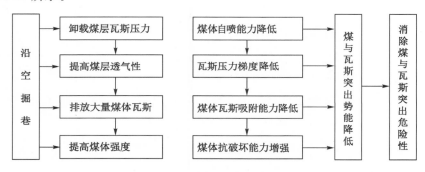

图 3-17　沿空掘巷防突原理

卸压消突区的范围主要受煤体透气性的影响,为了进一步扩大卸压消突区的范围,保障沿空掘巷的安全高效,提出采用控制孔导控压裂技术对巷道顶板煤层实施卸压增透,工作面压裂钻孔布置示意如图 3-18 和图 3-19 所示。在顶板岩体中施工钻孔,顶板岩体将形成贯穿裂隙即瓦斯运移通道及"虚拟储层",从而有利于提高煤层瓦斯抽采率。

松软煤层和顶板在水力压裂期间的损伤破坏过程可通过声发射变化情况来反映,而裂隙场在水力压裂过程中的演化过程可根据剪应力的分布情况来监测。所构建模型的数值模拟结果如图 3-20 和图 3-21 所示。

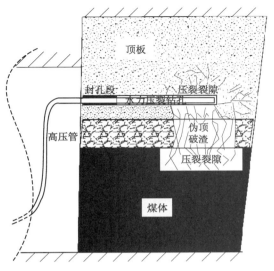

图 3-18　松软煤层顶板压裂技术示意

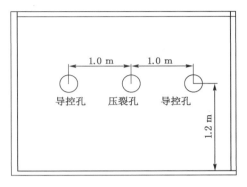

图 3-19　工作面压裂钻孔布置平面图

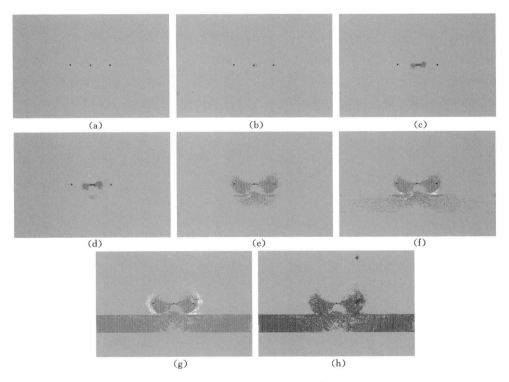

（a）step1-1；（b）step7-1；（c）step15-4；（d）step15-5；

（e）step15-8；（f）step15-9；（g）step15-12；（h）step16-1。

图 3-20　顶板控制孔导控压裂控制松软煤层的损伤破坏过程（AE 图）

根据图 3-20 和图 3-21 可知，水力压裂裂隙演化过程大致可划分为 6 个时期。

（1）累积应力时期（step1-1—step6-1）：在施加水压初期，在较小水压作用下压力水渗入

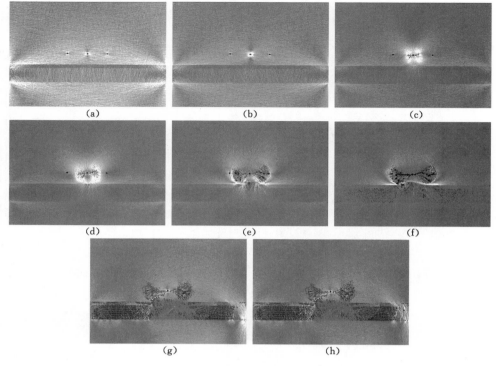

(a) step1-1；(b) step7-1；(c) step15-4；(d) step15-5；(e) step15-8；
(f) step15-9；(g) step15-12；(h) step16-1。

图 3-21　顶板控制孔导控压裂控制松软煤层的损伤破坏过程(剪应力图)

钻孔周围的原生裂隙或钻孔产生的裂隙中,钻孔围岩应力的稳定状态开始被打破,在孔壁周围出现应力增高区,该时期没有出现声发射情况。

（2）顶板裂隙稳定发育时期(step7-1—step15-3)：当施加水压达 13.5 MPa 以后,在水压作用下钻孔围岩中开始出现次生裂隙,个别声发射开始出现在孔壁附近。而且声发射次数随着加载水压的不断增加而加速增长,次生裂隙不断增多,呈翼形状分布于以压裂孔为中心的两侧,类似环状的应力增高带不断向外扩展。次生裂隙持续扩展而变成主裂隙,主裂隙在控制孔的作用下向外水平扩展,从而在主裂隙的端部出现扇形状的局部破坏区。该时期的次生裂隙主要出现在顶板中。

（3）顶板裂隙向伪顶扩散时期(step15-4—step15-5)：在 step15-3 之后,主裂隙扩展接近控制孔时,主裂隙在弱应力伪顶的影响下出现分叉,伪顶侧裂隙将继续向下扩展发育;在step15-4 时,次生裂隙将贯穿伪顶并继续向下扩展。

（4）裂隙向松软煤体扩散时期(step15-6—step15-8)：在 step15-5 时,应力增高带已扩展至煤体上部,但此时主裂隙仍未贯穿至松软煤层。在煤岩体力学性质差异的影响下,裂隙发育倾向煤层方向,在煤体内部声发射现象大面积产生。

（5）煤层裂隙稳定扩展时期(step15-9—step15-12)：该阶段裂隙将贯穿至煤层,并在煤体内部继续扩展发育,而且裂隙在顶板岩体中的扩展将进一步增强,此时主裂隙分叉明显,其尖端新产生多条错乱次生裂隙,并且次生裂隙的规模和数量将持续增大。

（6）失稳破裂时期（step15-13—step16-1）：在 step15-13 时，持续加载的水压将导致模型失稳破坏，最终在 step16-1 时模型完全失稳破裂。

3.5.2 沿空掘巷卸压防突措施

综合前述研究结果，并结合该煤矿现场实际，提出倾向递进消突巷道布置方法，布置示意如图 3-22 和图 3-23 所示。该方法利用留设窄煤柱或无煤柱沿空掘巷技术，并结合工作面中间巷，从而实现防治煤与瓦斯突出的目的。该方法不仅可确保工作面有效消突的倾斜长度，而且能使防突工程量大大减少，从而有利于工作面的安全高效生产。该技术方案包括以下步骤：

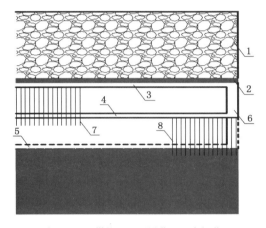

1—采空区；2—煤柱；3—回风巷；4—中间巷；

5—运输巷；6—开切眼；7,8—顺层钻孔。

图 3-22 倾向递进消突巷道布置方法的瓦斯抽采示意

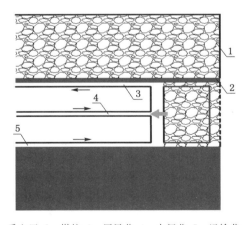

1—采空区；2—煤柱；3—回风巷；4—中间巷；5—运输巷。

图 3-23 倾向递进消突巷道布置方法的工作面回采示意

（1）上区段工作面回采完毕后，当采空区上覆岩层活动基本稳定后，在采空区边缘不留煤柱或留设窄煤柱(宽度为2～5 m),然后沿空掘进本区段的回风巷,掘进巷道过程中每进尺10～15 m须进行不少于两次的区域验证。

（2）沿着回风巷走向施工顺层钻孔与抽采管路相连,对煤层瓦斯进行预抽。顺层钻孔的间、排距均为2～4 m,长度为60～90 m,直径为75～110 mm,封孔长度为8～10 m。

（3）待预抽煤层的残余瓦斯含量小于8 m³/t和残余瓦斯压力小于0.74 MPa时,即煤层预抽消除突出危险性后,从回风巷掘进开切眼,再从开切眼掘进中间巷,掘进巷道过程中每进尺10～15 m须进行不少于两次的区域验证,完成中间巷掘进后便与回风巷组成矿井全压通风系统。

（4）沿着中间巷走向施工顺层钻孔与抽采管路相连,对煤层瓦斯进行预抽。顺层钻孔间、排距均为2～4 m,长度为60～90 m,直径为75～110 mm,封孔长度为8～10 m。

（5）待预抽煤层的残余瓦斯压力小于0.74 MPa,且残余瓦斯含量小于8 m³/t后,即煤层预抽消除突出危险性后,同时保证下一区段回风巷布置在卸压消突区内,在下一区段回风巷内间隔一定距离延伸掘进开切眼,再由开切眼掘进运输巷,掘进巷道过程中每进尺10～15 m须进行不少于两次的区域验证,待完成运输巷掘进后便与中间巷、回风巷组成矿井全压通风系统,遂可进行工作面回采工作。

（6）重复上述步骤,直至全区段煤层回采完毕。

3.6　本 章 小 结

（1）采空区形成后的一段时间内,卸压消突区仍然会继续增大,其范围将趋近集中应力峰值区。结合现场测定的残余瓦斯含量和钻屑量指标,确定该煤矿41111工作面下区段(41113工作面)卸压消突区范围为0～16 m。

（2）根据瓦斯压力及采空区侧向支承应力分布特征,推导出沿空掘巷煤柱宽度与卸压消突区范围的关系式,分析得出沿空掘巷满足卸压消突要求的窄煤柱宽度范围为0～6 m。数值模拟分析结果表明,当留设窄煤柱宽度在4～6 m之间时,煤柱内存在弹性区,煤柱具备一定的承载能力,有利于降低巷道围岩变形量。因此,设计该煤矿沿空掘巷留设窄煤柱宽度的合理范围为4～6 m。

（3）沿空掘进41113工作面回风巷时留设窄煤柱的宽度为5 m,在卸压消突区内掘进巷道,有利于消除突出危险性,在掘进巷道过程中仅需要采取安全防护措施,减少了防突工程量。在无突出危险区域掘进巷道,其施工进度可达145 m/月,从而大大提高了掘巷的速度。

（4）沿空掘巷后围岩应力重新分布,应力集中区向巷道围岩深部转移,可进一步增强煤体卸压增透的效果,卸压消突区范围继续扩大,从而有利于防治煤与瓦斯突出。同时,沿空掘巷消除煤与瓦斯突出危险性的前提在于具有合适的卸压消突区,而具有合适的卸压消突区的关键又在于留设合理宽度的煤柱,因此,沿空巷道在卸压消突区内掘进,可基本消除煤与瓦斯突出危险性。

（5）煤的瓦斯放散初速度是检验煤层突出危险性的指标之一,它主要反映煤在常压下放散瓦斯的速度和吸附瓦斯的能力,能对煤的微观结构进行表征。受该煤矿生产实际和技术限制,现场没有对该指标进行测定,在今后的研究中应完善对该指标的测定和研究。另外,本章研究的关键问题在于防治煤与瓦斯突出,所以在沿空掘巷过程中对于留设窄煤柱的宽度只考虑了对防突效果的影响,仅通过现场矿压观测和数值模拟对留设窄煤柱的稳定性进行了分析,而未分析煤柱上方基本顶三角块弧形结构的力学特征,这方面仍需要进行深入研究。

4 高突矿井切顶卸压技术

4.1 工程概况

4.1.1 试验工作面基本情况

贵州水城矿业(集团)有限责任公司某煤矿 4# 煤层 40403、40405 工作面开采时,其下方工作面为 40803 工作面。40803 工作面在东翼斜四采区,其南部为 40805 工作面,北部邻近 40801 工作面采空区。40403 工作面走向和倾斜平均长度分别为 400 m、118 m,工作面埋深约为 355 m,工作面回风巷、运输巷的标高分别为 +1 723 m、+1 692 m。

40403 试验工作面范围内 4# 煤层地质构造简单,产状较稳定,厚度在 1.07~2.47 m 之间,平均为 1.6 m,倾角在 7°~11°之间,平均为 9°,密度为 1.5 t/m³。工作面底板下部主要是粉砂岩或细砂岩,中厚层状结构,厚度在 0~18.57 m 之间,平均为 9.29 m;上部主要是泥岩,含黏土质,平均厚度约为 2 m。工作面顶板下部主要是砂质泥岩和粉砂岩,呈薄层状,厚度在 0~12.6 m 之间,平均为 4.62 m;中部主要为细砂岩,中厚层状,含水平和波状层理,厚度在 0~6 m 之间,平均为 3 m;上部主要为粉砂岩或泥岩。工作面下方为 8# 主采煤层,其瓦斯含量高,且埋藏深度大,呈单斜构造,因为上部 4# 煤层先行开采,受其保护作用,8# 主采煤层在采掘时没有发生煤与瓦斯动力现象,但回采巷道在掘进时瓦斯涌出量超过了 3 m³/min。初步设计 40403 工作面回风巷实施切顶沿空留巷,将其保留作为下个工作面的运输巷,进而工作面形成"Y"形通风方式。该回风巷宽度和高度分别为 3.4 m、2.3 m,支护方式为"锚+梁+喷"。

4.1.2 煤岩物理力学参数测试

在该煤矿 40403 工作面回采巷道掘进期间进行煤岩样的选取和采集。根据该矿井当前生产情况,采集较完整且无节理裂隙的岩块,岩块采集尺寸约为 200 mm×200 mm×150 mm,取样包括顶板砂质泥岩、细砂岩和底板泥岩,各类岩块分别取 3 块。每个参数实验测试的试样数量通常需要 3 块,煤、岩样共计 12 块,每块煤、岩样取 4~5 块试件,共计 60块。煤岩样加工设备如图 4-1 至图 4-7 所示,实验测试过程如图 4-8 至图 4-11 所示。

根据研究区域的岩层柱状图、历史经验数据及煤岩的物理力学实验结果,确定煤岩的物理力学参数如表 4-1 所示。

图 4-1 岩石自动切割机

图 4-2 岩石自动取芯机

图 4-3 SHM-200 型双端面磨石机

图 4-4 YT-20 型液压多功能脱模器

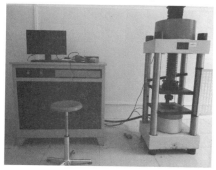

图 4-5 YAW-2000D 型四立柱压力机

图 4-6 电脑控制电液伺服岩石拉力试验机

图 4-7 SAJS-2000 型微机控制电液伺服岩石
三轴直剪试验机

图 4-8 试件加工

图 4-9　试件测试(单轴抗压)

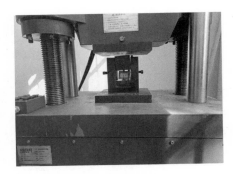

图 4-10　试件测试(抗拉)

图 4-11　试件测试(剪切)

表 4-1　煤岩物理力学参数

岩石	弹性模量 E /GPa	泊松比 μ	黏聚力 C /MPa	抗压强度 /MPa	抗拉强度 /MPa	内摩擦角 φ /(°)
细砂岩	22.38	0.21	4.4	38.2	5.1	37
砂质泥岩	9.66	0.24	2.1	21.2	3.1	43
煤	1.47	0.34	0.6	3.1	0.1	19
泥岩	5.02	0.24	0.5	13.9	2.8	43

4.2　顶板切顶留巷理论与技术研究

4.2.1　切顶卸压沿空留巷理论

(1) 切缝对沿空巷道稳定性影响

切缝可隔断顶板侧向悬臂对巷旁及巷内支护体的力的传递作用,减小顶板侧向悬臂的长度,使巷道上覆岩层通过缓慢挤压直接顶垮落岩层形成变形挤压力,传递到巷道顶板和巷内支护体上。通过切缝的隔断作用,巷旁支护体和沿空巷道的力学环境得到明显改善,沿空巷道围岩压力明显降低,从而有利于沿空留巷的稳定。

(2)切缝后侧向顶板活动规律

根据图 4-12 可得:沿空巷道顶板实施预裂切缝后,在服务期内受到采掘活动及时间等因素的影响,呈现出不同的结构状态和力学特征。工作面回采前,未受采动影响的沿空留巷,其顶板及采煤帮侧顶板处于稳定围岩应力状态,几乎没有变化,只是巷道围岩锚固体范围内小结构发生变化,并且在支护体作用下较快趋于稳定。工作面回采时,受采动影响,在沿空留巷及巷旁支护体的强护顶力以及覆岩挤压力共同耦合作用下,沿空留巷非采煤帮侧顶板沿预裂缝薄弱面整体切落,从而消除了顶板侧向悬臂对巷旁及巷内支护体的力的传递作用,减小了顶板侧向悬臂的长度,如图 4-12(b)所示。随着工作面推进距离的增加,工作面顶板发生周期性的垮落和来压;随着上覆岩层发生断裂、回转或弯曲下沉等移动变形,垮落直接顶受力增大,直接顶垮落矸石垫层被压实,形成平衡结构,最终岩层停止活动后,沿空留巷将趋于稳定状态。

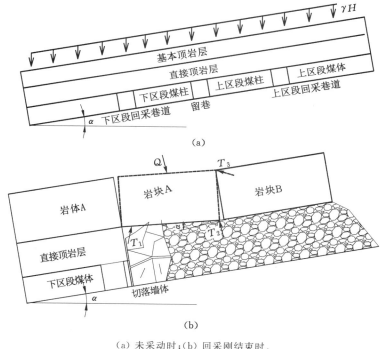

(a)未采动时;(b)回采刚结束时。

图 4-12　不同时期沿空留巷侧向顶板结构状态

(3)切缝高度及倾角的卸压效应

研究表明,沿空留巷顶板切缝高度与改善巷道围岩应力状态有直接关系。在一定范围内,切缝高度增加,有利于改善巷道围岩应力状态;但是当切缝高度超过一定范围后,将不利于改善巷道围岩应力状态,并会对沿空留巷围岩应力状态构成不利的影响。根据该煤矿 40403 工作面覆岩条件,$4^{\#}$ 煤层上方第一层顶板岩层(砂质泥岩)垮落活动空间为:$S_1 = h + m_1 = 1.6\ m + 4.62\ m = 6.22\ m$,砂质泥岩垮落后的充填高度为:$Km_1 = 1.4 \times 4.62\ m = 6.468\ m$,因 $Km_1 > S_1$,故第一层顶板岩层不完全垮落。所以最优的顶板预裂深度在 4.4 m

范围内。

根据 40403 工作面现场开采条件及顶板岩层条件，初步设计切缝炮孔深度为 4.4 m。在巷道非采煤帮侧与切顶锚索相距 400 mm 处布置炮眼，炮孔与垂直方向夹角为 5°～30°，向巷道非采煤帮略倾斜。为保证预裂切缝的效果，在炮孔施工时要严格控制炮孔质量和设计参数。

4.2.2 切顶卸压沿空巷道围岩稳定性影响因素

（1）顶板岩层倾角

研究表明，通常采动支承压力的方向均与煤层顶底板垂直，当煤层倾角变化时，巷道所承受围岩应力的方向也发生变化。由于巷道围岩所承受的应力方向不同，巷道围岩的支护体将承受不均衡的载荷作用，从而使得巷道围岩的变形破坏形式发生改变。

（2）顶板岩层性质

煤岩体力学性质是影响巷道变形破坏的关键因素之一。巷道顶板是否为软弱岩层、顶板岩层的分层厚度以及软弱岩层厚度和所处位置，会对巷道变形破坏的剧烈程度和特征产生重要影响。研究表明，巷道围岩的变形破坏随煤岩体强度减小而增大。此外，沿空巷道的变形破坏与煤岩体自身破坏状态及其内部构造特征都有密切关系，并非受到煤岩体性质这一单一因素的影响，其中层理与节理是煤岩体自身结构中对巷道变形破坏影响最大的因素。

（3）巷道断面形状

巷道断面形状主要影响巷道围岩的受力状态，理论上拱形巷道在力学性质上更有利于巷道的稳定。但是煤层开采通常面临节理和层理较为发育且分布广泛的问题，若工作面回采巷道断面形状采用拱形，则原较为完整的巷道顶板倾斜岩层被破坏，顶板软弱节理、层理和夹层被揭露，巷道顶板在矿山压力作用下极易沿着软弱节理、层理和夹层面发生错动和滑移变形，从而进一步加剧了巷道围岩的变形破坏，减弱了沿空巷道围岩的稳定性。所以，采用切顶卸压沿空留巷技术，在设计巷道断面形状时，应避免设计破顶的拱形巷道，尽量采用梯形、矩形断面巷道，以充分发挥巷内动压加强支护的护顶作用。

4.3 切顶沿空留巷可行性方案设计

4.3.1 双向聚能爆破侧向顶板切缝技术

4.3.1.1 双向聚能爆破切缝机理

聚能爆破指在设计方向通过高能量密度、高速的射流切割岩石，首先产生定向裂隙，然后在爆生气体和应力波的共同作用下扩大裂隙的长度和深度，即产生扩缝效果，进而把岩石拉裂破断。

（1）双向聚能爆破与常规爆破效果模拟分析

双向聚能爆破与常规爆破相比，能有效控制非设计方向裂隙的扩展，保护岩体来自爆破的损伤，围岩破碎圈范围减小超过 30%，破岩效率增加超过 50%，可大大改善切缝沿空留巷成型质量。双向聚能爆破与常规爆破破岩效果的数值模拟结果如图 4-13 所示。

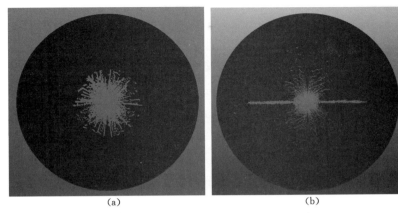

(a)　　　　　　　　　　(b)

(a) 常规爆破预裂效果；(b) 双向聚能爆破切缝效果。

图 4-13　双向聚能爆破与常规爆破效果对比

(2) 力学作用过程

在双向聚能爆破过程中，装药时使用自制的双向拉张聚能装置，该装置的力学作用主要包括三个部分：① 首先，爆破对周边岩体产生聚能挤压作用，在此期间邻近炮孔周围的局部岩体将承受集中压力，如图 4-14(a) 所示。② 其次，邻近炮孔周围的局部岩体整体承受均匀压力作用，但在设计方向上的岩体产生集中受拉作用。要使得炮孔周围的岩体在整体均匀受压的过程中产生局部集中受拉效果，就必须保证双向拉张聚能装置满足一定的强度，此阶段聚能装置的力学模型如图 4-14(b) 所示。③ 最后，炮孔周围的岩体在 XOZ 平面承受拉张作用，沿炮孔布置方向围岩受到一排聚能孔的共同力学作用后，产生整体拉张力并作用于炮孔连线方向，从而使钻孔孔壁岩体发生拉张破坏形成连续裂缝，其力学模型如图 4-14(c) 所示。

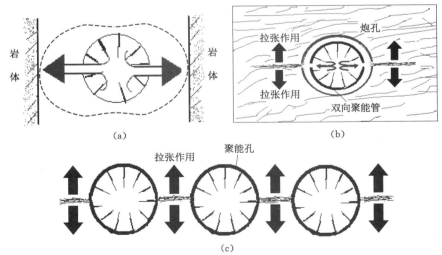

(a)　　　　　　　　　　(b)

(c)

(a) XOY 平面聚能受压模型；(b) XOY 平面聚能拉张模型；(c) XOZ 平面聚能拉张模型。

图 4-14　双向聚能拉张成型爆破受力模型

4.3.1.2 双向聚能爆破切缝参数设计

双向聚能爆破炮孔采用聚能管连续装药,聚能管加工示意如图 4-15 所示,聚能药包加工示意如图 4-16 所示,聚能爆破装药结构示意如图 4-17 所示。设计切缝宽度在 3～5 mm 之间,现场实践表明,聚能管长度按炮孔长度的 30%～70% 设计,其产生的效果较佳。由于设计切缝深度为 4.4 m,所以制作的一段聚能管长度为 1.0 m,一个炮孔对应设置一段聚能管。

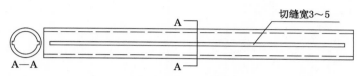

图 4-15 聚能管加工示意

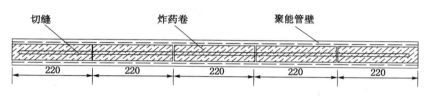

图 4-16 聚能药包加工示意

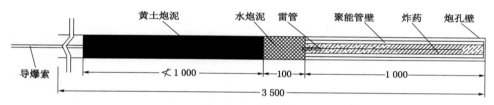

图 4-17 聚能爆破装药结构示意

聚能管制作及操作方法:

(1) 制作引药方法与传统方法相同,即在药卷中插入雷管。

(2) 将引药放入预先已加工切缝的套管内,套管为 PVC 塑料管,套管直径为 40 mm,聚能管切缝宽度为 3～5 mm,然后添加炸药,药量根据现场实际炮孔深度和岩性进行调整。为了稳定传播炸药爆轰波,放置炸药时应使其紧密接触,并尽量靠近聚能管端。

(3) 考虑聚能管长度较大,放置聚能药卷时,应避免炮棍将炸药卷从聚能管中捅出,且避免炮棍改变聚能药卷的放置方向。

(4) 放置聚能药卷时,为避免炸药被炮棍从聚能管中推出,炮棍应紧靠孔壁,使炮棍顶住聚能管。为保证切缝效果,应确保聚能药卷正确放入炮孔中,严格保证所布置的一排炮孔的连线方向与聚能方向一致,装药应对准预裂线。

(5) 爆破作业。应使用炮泥封实聚能药卷外剩余炮孔段。采用串联起爆方式,爆破时一次集中起爆 5 个炮孔。

4.3.2 切顶卸压沿空留巷支护方案设计

4.3.2.1 巷内补强支护方案设计

40403 工作面回风巷设计宽度和高度分别为 3.4 m、2.3 m。巷道实施切顶卸压措施后，采用"锚索＋挂网＋喷浆＋单体支柱＋工字钢点柱"进行加强支护，支护平面如图 4-18 所示。具体要求：

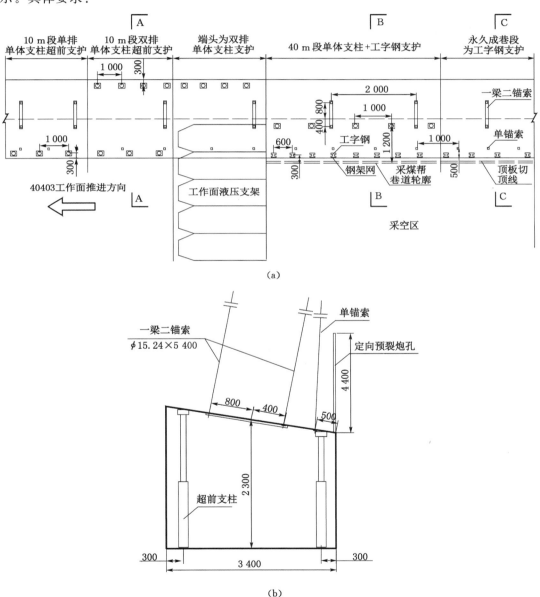

(a)

(b)

图 4-18　40403 工作面回风巷切顶卸压支护示意

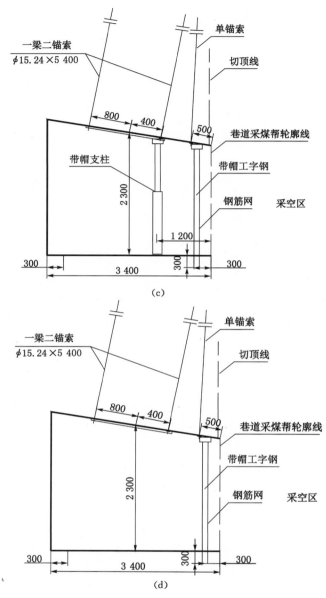

(a) 平面图;(b) A—A 剖面图;(c) B—B 剖面图;(d) C—C 剖面图。

图 4-18(续)

（1）在工作面煤壁前方 30 m 范围内,顶板采用"单锚索＋一梁二锚索"进行提前支护加固。其中,在巷道顶部设计位置,间隔 2.0 m 安装一梁二锚索;在距巷道采煤帮 0.5 m 位置,间隔 1.0 m 安装单锚索,其安装方向与巷道走向相同。在锚索支护强化巷道顶板后,再进行定向爆破切缝。加强锚索直径为 15.24 mm,长度为 5.4 m,锚固长度大于 1.0 m,外露长度为 300 mm,设计预紧力为 60 kN,要求在超前动压区单体支柱之前布置,锚索托盘为蝶形托盘,其尺寸(长×宽×厚)为 300 mm×300 mm×10 mm。

（2）在巷道顶板切顶线距离采煤帮 1.2 m 处安装单排单体支柱,其柱距为 1.0 m,安装范围为工作面煤壁后方 40.0 m 以内。随着工作面推进,待矿压逐渐稳定后,回撤煤壁后方 40.0 m 以外范围的单体支柱。

（3）在距离巷道采煤帮 0.3 m 位置安装工字钢点柱进行强化支护,其间距为 0.6 m,设计工字钢点柱柱窝深度大于 0.3 m,并保证与煤层顶底板垂直,且每根点柱必须设置木垫子和带帽。在施工过程中,须保证工作面支架尾部与单排单体支柱和工字钢点柱的距离小于 1.0 m。

（4）在巷道工字钢靠采空区侧铺设钢筋网,须保证煤层顶板与钢筋网顶面之间的间距小于 0.2 m,采用 14# 铅丝紧固扭接相邻钢筋网。

（5）在项目实施过程中和工作面开采前,须对工作面运输巷和回风巷进行超前支护。加强支护要求:超前工作面煤壁 10～20 m 范围内,靠巷道采煤帮安装单排带帽单体支柱进行加强支护,支柱间距为 1.0 m;超前工作面煤壁 0～10 m 范围内,靠巷道两帮安装双排带帽单体支柱进行加强支护,且须满足人行宽度大于 0.8 m。在安装单排或双排单体支柱时,须保证每根支柱都拴油丝绳,支柱安装成排、成线,并保证支柱初撑力大于 11.4 MPa（90 kN）。

（6）在工作面回采过程中,为了减少或避免局部悬臂状态基本顶产生的压力增大现象,进而导致巷道变形量增大,当未切落的悬臂顶板长度超过 30 m 时,将考虑补打炮眼对悬臂顶板进行强制放顶卸压。

（7）安排专人在每班进场后先观测检查支柱和工字钢点柱受力状况、巷道顶底板状况及移近量。一旦出现异常情况,立即进行处理。

（8）随着工作面回采完毕,根据现场采空区压力显现和切顶垮落岩石的块度情况,确定是否喷浆处理切顶沿空留巷非采煤帮。假设切顶垮落岩石整体性较好,无窜矸可能,则不需要对沿空留巷非采煤帮进行喷浆处理。

4.3.2.2　切顶卸压沿空留巷施工工艺流程

切顶卸压沿空留巷主要工艺流程的实现方法和步骤如下:

（1）掘进工作面运输巷和回风巷。

（2）超前工作面煤壁 10～20 m 范围,靠回风巷采煤帮安装单排带帽单体支柱加强支护;超前工作面煤壁 0～10 m 范围,靠回风巷两帮安装双排带帽单体支柱加强支护。

（3）超前工作面煤壁 10～20 m 范围,靠回风巷采煤帮施工"单锚索＋一梁二锚索"。

（4）滞后工作面 2～5 m 施工单排切缝预裂炮孔,其间距为 600 mm,每次施工炮孔 5～10 个。

（5）炮孔施工好后,及时装药爆破,装药后封泥长度须大于 1.0 m。采用串联起爆方式,爆破时一次集中起爆 5 个炮孔。由于炮孔可能受采动压力影响而出现堵孔现象,故爆破工装药前须逐一检查炮孔,若不能装入聚能药卷,则须清洗炮孔。

（6）在巷道顶板切顶线距离采煤帮 1.2 m 处安装单排单体支柱,其柱距为 1.0 m,安装范围为工作面煤壁后方 40.0 m 以内。为防止矸石下窜,支柱初撑力须大于 90 kN,并安装监测仪对动压段单体支柱的支撑力进行监测。为保证切顶沿空留巷不漏风,切顶排须安装挡风帘。

（7）采用矿用工字钢加工成的点柱在巷道采煤帮进行加强支护,点柱间距为 0.6 m,并在工字钢靠采空区侧铺设钢筋网,选用 14# 铅丝扭接紧固搭接钢筋网。

（8）工作面推进一定距离后，基本顶破断来压，直接顶沿切缝断裂垮落，自动成巷。

（9）在工作面回采完毕后，根据现场采空区压力显现和切顶垮落岩石的块度情况，确定是否喷浆处理切顶沿空留巷非采煤帮。

（10）在工作面煤壁后方 20 m 外护巷段，人工清理浮煤矸。

（11）观测现场爆破后的巷道状况，并对相关数据进行整理和分析，根据现场应用效果优化调整爆破参数。

4.3.2.3 切顶卸压沿空留巷矿压观测方案

切顶卸压沿空留巷后，要进行巷道围岩收敛、锚杆锚索受力等参数的综合监测，以验证设计的合理性和可靠性，并为优化支护参数提供依据。

4.4 上保护层无煤柱全面卸压开采技术研究

4.4.1 无煤柱全面卸压开采理论基础

（1）无煤柱开采全面卸压分析

在贵州矿区现场实践的无煤柱沿空留巷技术中，常采用留煤墩、巷旁充填充填料及巷旁砌筑料石的沿空留巷技术，这样的无煤柱沿空留巷巷旁煤体、充填墙体或砌筑块体在矿山压力作用下容易发生压裂、外鼓等变形破坏，且通常会出现巷道非采煤帮片帮严重、底鼓量大等情况，从而大大增加沿空巷道后期的维护费用，并影响生产安全。因此，提出了切顶卸压沿空留巷无煤柱开采技术，该技术有利于提高生产效率，减小采掘比，同时有利于提高煤炭资源回收率，消除相邻工作面应力集中的影响。经煤炭科学研究总院重庆分院鉴定得出：该矿井为突出矿井，煤层具有突出危险性。为了提前对 7#、8#、9#、11# 煤层进行卸压，提高煤层透气性，增加瓦斯预抽率，研究决定先行对 4# 较薄煤层保护层进行开采，工作面回采巷道设计采用预裂爆破切顶一次成巷。

极薄和薄煤层开采条件、工艺以及技术等因素，使得单纯开采极薄、薄煤层的经济效益较低，所以考虑将极薄、薄煤层作为保护层开采以治理矿井煤与瓦斯突出等动力灾害。根据图 4-19（b）可知：在煤层群开采中，先开采极薄或薄煤层时，工作面不留煤柱，原煤柱下方被保护层中未卸压的区域消失，消除了卸压盲区。为理论计算遗留煤柱下方被保护层中卸压盲区的体积，结合图 4-19 所示工作面留煤柱和无煤柱开采卸压机理进行分析，去除断层、褶曲等地质条件的影响，并对煤层厚度和波动起伏情况进行简化，进而推导出卸压盲区体积的理论计算公式：

$$V = \left[d + l \left(\frac{1}{\tan \delta_1} + \frac{1}{\tan \delta_2} \right) \right] L H \tag{4-1}$$

式中　V——被保护层中卸压盲区的体积，m^3；

　　　d——上保护层留设煤柱的倾斜宽度，m；

　　　l——保护层与被保护层间的垂距，m；

　　　L——煤柱的长度，m；

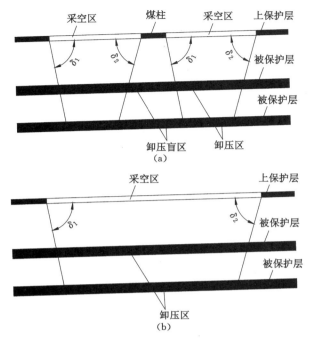

（a）留煤柱开采；（b）无煤柱开采。

图 4-19　上保护层开采卸压范围

δ_1,δ_2——分别为保护层上、下两端的卸压角，(°)；

H——保护层开采厚度，m。

（2）上保护层开采后下伏岩层裂隙分布特征

为改善下部煤层瓦斯预抽的效果，消除煤柱下方被保护层中未卸压的区域，实现低渗透性高突煤层群的全面卸压增透，以及充分回采极薄、薄煤层的煤炭资源，提出了将极薄或薄煤层作为上保护层进行开采，且工作面不留区段煤柱，通过保护层无煤柱开采实现邻近被保护层的全面卸压。该煤矿 4# 煤层保护层开采后，根据底板裂隙发育情况，将其划分为两个区域：底鼓变形带和底鼓裂隙带，如图 4-20 所示。

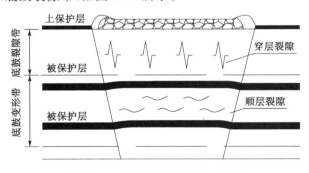

图 4-20　工作面底板裂隙分布情况

沿 40403 工作面推进方向，工作面超前支承压力与底板煤岩层塑性破坏区间的对应关系剖面图,如图 4-21 所示。

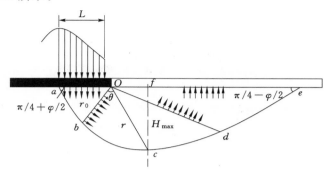

图 4-21　工作面超前支承压力与底板煤岩层塑性破坏区间的对应关系

根据图 4-21 可得,保护层工作面底板塑性破坏深度在超前支承压力的影响下,其最大值为:

$$H_{\max} = \frac{L\cos\varphi}{2\cos(\pi/4+\varphi/2)} e^{(\pi/4+\varphi/2)\tan\varphi} \tag{4-2}$$

式中　$H_{\max}$——底板塑性破坏深度的最大值,m;

　　　L——超前支承压力峰值处与工作面煤壁的间距,m;

　　　φ——内摩擦角,(°)。

将该煤矿现场实测数据代入式(4-2),通过计算得出 4# 煤层保护层开采后底板塑性破坏深度的最大值约为 13.7 m。

上保护层的最大保护垂距按式(2-2)计算,将相关数据代入式(2-2),计算得出该煤矿 40403 上保护层工作面的最大保护垂距约为 47.4 m。

综上分析得出:40403 上保护层工作面开采后底鼓裂隙带深度约为 13.7 m,底鼓变形带深度约为 47.4 m。下方 7# 煤层距离 4# 煤层 8.82 m,处于底鼓裂隙带范围内;下方 8# 煤层距离 4# 煤层 18.2 m,处于底鼓变形带范围内;下方 11# 煤层距离 4# 煤层 53.48 m,已超过底鼓变形带的理论计算深度。所以 40403 上保护层工作面开采后,初步判别下部 7#、8# 煤层在垂直方向上处于卸压保护的有效范围内。

4.4.2　无煤柱全面卸压开采数值模拟研究

4.4.2.1　概述

采用 UDEC4.0 模拟软件进行模拟分析,本次模拟是为了揭示 4# 煤层开采后顶底板岩层的应力、位移及裂隙的分布规律,分析采空区的垮落带、裂缝带、弯曲下层带的"三带"范围,从而确定 4# 煤层的裂隙分布和演化规律,为瓦斯抽采钻孔的布置参数优化提供依据。

4.4.2.2　模型的建立及参数的选取

此次模拟以该煤矿 4# 煤层开采为工程背景,根据现场 40403 工作面开采实际,构建的数值模拟力学模型如图 4-22 所示,模型尺寸(长×高)为 400 m×100 m。模型中 4# 煤层厚度为 1.6 m,倾角为 9°,其下方 7#、8#、11# 煤层分别在垂距为 8.8 m、18.2 m、53.48 m 处,煤厚分别为 1.8 m、2.32 m 和 2.8 m。该煤矿 40403 工作面埋深约 340 m,通过计算模型上覆岩层的自重,得出应在模型上边界施加载荷 8.1 MPa。将模型左右边界设置为活动铰支座进行水平方向的约束,将模型下边界设置为固定铰支座进行固定约束,模型上边界无约束。

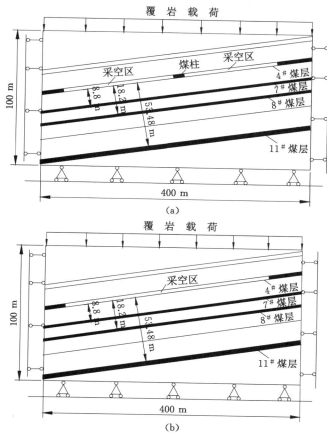

(a) 留煤柱开采;(b) 无煤柱开采。

图 4-22 数值模拟的力学模型

4.4.2.3 模拟的内容及方案设计

设计三种模拟方案:

(1) 工作面不留设煤柱(煤柱宽度为零);

(2) 工作面留设煤柱宽度为 20 m;

(3) 工作面留设煤柱宽度为 30 m。

4.4.2.4 上保护层无煤柱开采全面卸压分析

在数值模型中 4# 煤层水平轴坐标为 20 m 处布置开切眼,从左至右开挖两个保护层工作面,相邻两工作面间留设煤柱宽度分别为 0、20 m、30 m,在下方 7#、8# 煤层被保护层中布置观测线采集数据,数值模拟结果如图 4-23 和图 4-24 所示。

(1) 下部煤层垂直应力分析

根据图 4-23 可得:当相邻两工作面之间留设煤柱时,被保护层产生应力集中情况,其应

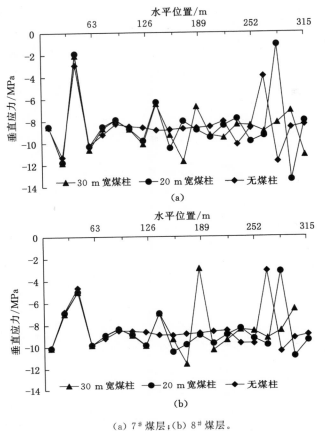

(a) 7#煤层;(b) 8#煤层。

图 4-23 下部煤层垂直应力变化曲线

力集中位置处于保护层煤柱正下方,且随着煤柱宽度的增加应力集中的范围随之增大。当煤柱宽度为 30 m 时,应力集中范围最大;当采用无煤柱开采时,被保护层未产生应力集中情况。当保护层工作面采用无煤柱开采时,下方 7#、8# 煤层被保护层垂直应力峰值分别为 -8.84 MPa、-9.02 MPa;当留设煤柱宽度为 30 m 时,下方的 7#、8# 煤层被保护层垂直应力峰值分别为 -11.7 MPa、-11.57 MPa,分别约为原岩应力的 1.44 倍、1.43 倍。据此判断,当保护层采用无煤柱开采时,下被保护层中无卸压盲区,进而可实现全面卸压。

(2)下部煤层垂直位移分析

根据图 4-24 可得:当保护层相邻两工作面间的煤柱宽度分别为 20 m、30 m 时,下方的 7# 和 8# 煤层被保护层的膨胀变形量最大值在 5.82‰~7.78‰之间;而当上保护层工作面不留设煤柱时,在原留设煤柱位置下方的 7#、8# 煤层被保护层发生膨胀变形,其膨胀变形量最大值在 2.03‰~2.13‰之间。

随着煤柱宽度的增加,下被保护层中卸压盲区(膨胀变形量大于 3‰的范围)随之增大。当保护层相邻两工作面间的煤柱宽度分别为 20 m、30 m 时,下方的 7#、8# 煤层被保护层卸压盲区沿煤层倾斜方向的宽度分别为 38 m 和 45 m;而当上保护层工作面不留设煤柱时,在下被保护层中卸压盲区消失。据此可判断,当保护层采用无煤柱开采时,下被保护层中无卸

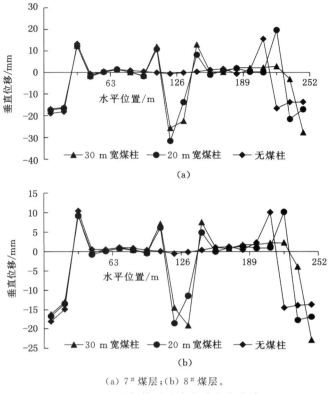

（a）7#煤层；（b）8#煤层。

图 4-24　下部煤层垂直位移变化曲线

压盲区，进而可实现全面卸压。

4.5　本章小结

（1）重点分析了切缝后侧向顶板活动规律。工作面回采前，未受采动影响的沿空留巷，其顶板及采煤帮侧顶板处于稳定围岩应力状态，几乎没有变化，只是巷道围岩锚固体范围内小结构发生变化，并且在支护体作用下较快趋于稳定；工作面回采时，受采动影响，在沿空留巷及巷旁支护体的强护顶力以及覆岩挤压力共同耦合作用下，沿空留巷非采煤帮侧顶板沿预裂缝薄弱面发生整体切落，从而消除了顶板侧向悬臂对巷旁及巷内支护体的力的传递作用，降低了顶板侧向悬臂的长度。

（2）分析了沿空留巷顶板切缝高度与巷道围岩应力状态改善状况之间的关系。在一定范围内，切缝高度的增加，有利于改善巷道围岩应力状态；但是当切缝高度超过一定范围后，将不利于改善巷道围岩应力状态，并会对沿空留巷围岩应力状态构成不利的影响。根据该煤矿 40403 工作面覆岩条件，4#煤层上方第一层顶板岩层（砂质泥岩）的垮落活动空间为6.22 m，而其垮落后的充填高度为 6.468 m，故第一层顶板岩层不完全垮落。因此，最优的顶板预裂深度在 4.4 m 范围内。

（3）在双向聚能爆破过程中，装药时使用自制的双向拉张聚能装置，双向拉张聚能装置的力学作用主要包括三个部分：① 首先，爆破对周边岩体产生聚能挤压的作用，在此期间邻近炮孔周围的局部岩体将承受集中压力。② 其次，邻近炮孔周围的局部岩体整体承受均匀压力作用，但在设计方向上的岩体产生集中受拉作用。要使得炮孔周围的岩体在整体均匀受压的过程中产生局部集中受拉效果，就必须保证双向拉张聚能装置满足一定的强度。③ 最后，炮孔周围的岩体在 XOZ 平面承受拉张作用，沿炮孔布置方向围岩受到一排聚能孔的共同力学作用后，产生整体拉张力作用于炮孔连线方向，从而使钻孔孔壁岩体发生拉张破坏形成连续裂缝。

（4）理论分析得出 40403 上保护层工作面开采后底鼓裂隙带深度约为 13.7 m，底鼓变形带深度约为 47.4 m。因此，40403 上保护层工作面开采后，下方 7# 、8# 煤层在垂直方向上处于卸压保护的有效范围内。

（5）数值模拟得出：当相邻两工作面之间留设煤柱时，被保护层发生应力集中情况，其应力集中位置处于保护层煤柱正下方，且随着煤柱宽度的增加应力集中的范围随之增大；当采用无煤柱开采时，被保护层未发生应力集中情况。因此，当上保护层采用无煤柱开采时，下被保护层中无卸压盲区，进而可实现全面卸压。

5　高突矿井半煤岩工作面卸压技术

5.1　矿区地质及生产技术条件

5.1.1　矿井地质条件

某煤矿隶属华晋焦煤有限责任公司,矿区含可采及局部可采煤层9层,分别为太原组的 $6^{\#}$—$10^{\#}$ 煤层和山西组的 $2^{\#}$—$5^{\#}$ 煤层,总厚度 15.4 m 左右,煤质以优质焦煤为主,煤层透气性系数在 1.78~3.785 $m^2/($ MPa^2·d) 之间,属于低透气性高瓦斯煤层群开采条件。从该煤矿钻孔地质资料可知,从地表至 100 m 深处,主要由黄土覆盖,局部含砾石,砾径 60 mm 左右;地下 80 m 处可见 20 多米厚的卵石,其直径均在 40 mm 以上,多为 60~80 mm,分选性差,呈半圆状及次棱角状,成分以安山岩为主;地表以下 100~420 m,以砂岩和黏土岩为主,上部主要成分为黏土岩、含砾粗砂岩、砂砾岩,下部主要成分为细砂岩、粉砂岩和黏土岩。井田为缓倾斜的单斜构造,小型褶曲构造以宽缓的为主,断层落差小且数量少,未见岩浆活动,陷落柱构造少,井田构造属简单类。

5.1.2　近距离煤层群开采条件

根据相关鉴定报告可知,该煤矿属于高瓦斯近距离煤层群开采条件,$2^{\#}$、$3^{\#}$、$4^{\#}$、$5^{\#}$ 煤层构成近距离煤层群,$4^{\#}$、$5^{\#}$ 煤层为主采煤层。北翼山西组 $2^{\#}$ 煤层倾角平均为 4°,厚度在 0.5~1.46 m 之间;$2^{\#}$ 煤层下方垂距为 17.2 m 处为 $3+4^{\#}$ 煤层,该煤层为 $3^{\#}$、$4^{\#}$ 煤层的合并层,煤层厚度平均为 4.02 m;$2^{\#}$ 煤层下方垂距为 25.5 m 处为 $5^{\#}$ 煤层,煤层厚度平均为 3.42 m。北翼山西组煤层群剖面图如图 5-1 所示。

5.1.3　矿井瓦斯概况

根据 2009 年的瓦斯等级鉴定结果,该煤矿属于高瓦斯矿井,全矿井相对瓦斯涌出量为 103.75 m^3/t,绝对瓦斯涌出量为 479.91 m^3/min。北翼山西组 $2^{\#}$ 煤层原始瓦斯含量为 10.65 m^3/t;其下方 $3+4^{\#}$ 煤层原始瓦斯含量为 11.42 m^3/t,$5^{\#}$ 煤层原始瓦斯含量为 12.08 m^3/t。煤尘爆炸指数在 27%~28% 之间。北翼山西组各煤层瓦斯基础参数如表 5-1 所示。

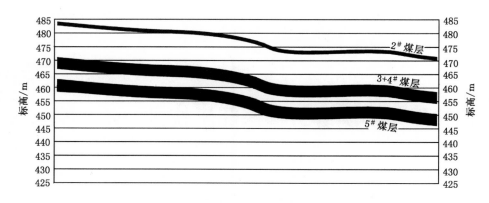

图 5-1　近距离煤层群剖面图

表 5-1　北翼山西组各煤层瓦斯基础参数

煤层	瓦斯压力 /MPa	原始瓦斯含量 /(m³/t)	煤层透气性系数 /[m²/(MPa²·d)]	残余瓦斯含量 /(m³/t)	钻孔瓦斯流量 衰减系数 /d⁻¹
2#煤层	0.92	10.65	2.12～2.17	3.40	0.033～0.038
3#煤层	1.08	12.55	1.78～1.89	3.50	0.040～0.042
4#煤层	1.50	10.89	3.524～3.785	3.54	0.024～0.028
5#煤层	1.40	12.08	1.99～2.23	3.64	0.037～0.038
6#煤层	1.70	10.15	2.87～2.99	3.70	0.041～0.042

5.2　半煤岩上保护层工作面无煤柱开采技术原理

5.2.1　半煤岩工作面采高与卸压关系分析

由于我国极薄、薄煤层煤炭资源赋存丰富,且随着我国经济发展和煤矿智能绿色开采理念的增强,极薄、薄煤层的安全高效开采得到充分重视。但是,极薄和薄煤层开采条件、工艺以及技术等因素,使得单纯开采极薄、薄煤层的经济效益较低。为了充分回采难采极薄、薄煤层焦煤资源,实现高瓦斯煤层群的安全高效开采,我国学者提出了保护层半煤岩工作面的开采思路,通过矮机身采煤机截割极薄、薄煤层软弱顶板或底板,从而增加保护层开采厚度,以便安装综采设备,也有利于提高保护层的卸压保护作用。通过增加保护层的采高,形成半煤岩保护层工作面,将薄煤层作为保护层开采,该技术是高瓦斯突出煤层群开采条件下瓦斯灾害防治的重要手段。保护层工作面采煤过程中,在超前支承压力作用下,煤壁前方岩体可划分为弹性区、塑性区和原岩应力区三个部分。依据极限平衡理论,塑性区的支承压力分布可表示为:

$$\sigma_y = R_c e^{\frac{2f\xi}{h+\Delta h}x} \qquad (5\text{-}1)$$

式中　σ_y——超前支承压力，MPa；

　　　f——层面摩擦系数，$f = \tan\varphi_1$，其中，φ_1 为顶底板与保护层之间的摩擦角；

　　　R_c——煤壁残余强度，MPa；

　　　Δh——破岩层厚度，m；

　　　h——保护层厚度，m；

　　　ξ——$\xi = (1+\sin\varphi)/(1-\sin\varphi)$，其中，$\varphi$ 为保护层的内摩擦角。

弹性区的支承压力分布为负指数曲线，可表示为：

$$\sigma_y = \gamma H[1 + \Delta k e^{-\delta(x-x_0)}] \qquad (5\text{-}2)$$

$$x_0 = \frac{h+\Delta h}{2f\xi}\ln\frac{k\gamma H}{R_c} \qquad (5\text{-}3)$$

式中　H——保护层埋深，m；

　　　γ——保护层重度，MN/m^3；

　　　Δk——集中应力峰值的增量系数，$\Delta k = k-1$；

　　　x——测点与保护层的间距，m；

　　　x_0——塑性区宽度，m；

　　　δ——超前支承压力的衰减系数。

联合式(5-1)至式(5-3)得出：半煤岩保护层工作面煤壁前方塑性区的宽度 x_0 随着采高 $(h+\Delta h)$ 的增加而增加。半煤岩工作面支承压力分布与采高间的关系如图 5-2 所示，塑性区支承压力分布符合图中曲线①—②，弹性区支承压力分布符合图中曲线②—③，分别满足式(5-1)和式(5-2)。依据式(5-3)，推导半煤岩保护层工作面塑性区宽度的增加量公式：

$$\Delta x_0 = \frac{\Delta h}{2f\xi}\ln\frac{k\gamma H}{R_c} \qquad (5\text{-}4)$$

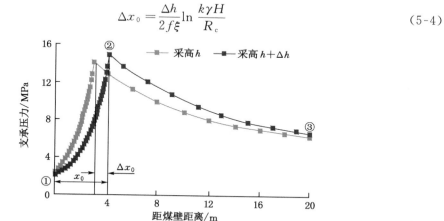

图 5-2　不同采高的工作面支承压力分布规律

5.2.2　半煤岩上保护层工作面开采数值模拟分析

（1）模型建立

以该煤矿 22201 工作面为模拟原型，此次模拟选用 UDEC4.0 模拟软件。依据该煤矿

22201 薄煤层工作面现场实际条件,构建沿煤层倾斜方向的数值模拟力学模型,如图 5-3 所示;根据 22201 工作面综合柱状图,设计模型长度和高度分别为 400 m、80 m。22201 工作面与地表相距约 500 m,通过上覆岩层自重计算得出施加在模型上边界的载荷为 12.5 MPa。将模型左右边界设置为活动铰支座进行水平方向的约束,将模型下边界设置为固定铰支座进行固定约束,模型上边界无约束。模拟煤岩层的物理力学参数如表 5-2 所示,节理面参数如表 5-3 所示。

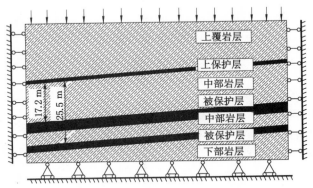

图 5-3　数值模拟力学模型

表 5-2　煤岩物理力学参数

岩性	剪切模量 /GPa	体积模量 /GPa	内摩擦角 /(°)	密度 /(kg/m³)	抗拉强度 /MPa	黏聚力 /MPa
细粒砂岩	9.60	15	32	2 900	2.5	2.7
泥岩	6.00	10	23	2 300	1.3	1.5
砂质泥岩	6.00	10	25	2 400	1.4	1.6
泥岩	6.00	10	23	2 300	1.3	1.5
2# 煤层	4.80	8	20	1 300	2.4	2.6
细粒砂岩	9.60	15	32	2 900	2.5	2.7
粉砂岩	7.00	13	27	2 500	2.1	2.4
砂质泥岩	6.00	10	25	2 400	1.4	1.6
中粒砂岩	7.00	13	27	2 500	2.1	2.4
砂质泥岩	6.00	10	25	2 400	1.4	1.6
3+4# 煤层	4.80	8	20	1 300	2.4	2.6
细粒砂岩	9.20	15	30	2 700	2.4	2.6
泥岩	6.00	10	23	2 300	1.3	1.5
5# 煤层	4.84	8	20	1 350	0.5	0.6
泥岩	6.00	10	23	2 300	1.3	1.5
中粒砂岩	7.00	13	28	2 500	2.1	2.4

表 5-3 煤岩节理面参数

岩性	切向刚度/GPa	法向刚度/GPa	黏结力/MPa	抗拉强度/MPa	摩擦角/(°)
煤层	0.4	0.8	0	0	4
中粒砂岩	0.3	0.5	0	0	6
细粒砂岩	0.2	0.4	0	0	7
泥岩	0.3	0.6	0	0	5
粉砂岩	0.5	0.5	0	0	7
砂质泥岩	0.4	0.7	0	0	6

本次数值模拟是为了揭示上保护层工作面不同采高、相邻工作面间留设不同宽度煤柱时的下被保护层变形及应力分布规律,以分析半煤岩保护层工作面不同采高、不同煤柱宽度与卸压效果之间的内在联系。本次模拟设计 2 种模拟方案:(1)煤柱宽度分别为 0、20 m、30 m、40 m;(2)工作面采高分别为 0.5 m、1.5 m、2.5 m、3.5 m。

(2)半煤岩工作面不同采高分析

将观测线布置在模型中 5# 煤层中部,自距模型左端 50 m 处往右端开挖,图 5-4、图 5-5 为工作面开挖 150 m 时,观测线处的垂直应力云图和膨胀变形量变化曲线。

根据图 5-4 可得:不同采高的半煤岩工作面垂直应力分布特征大致相似;随半煤岩工作面采高的增大,被保护层的垂直应力峰值和卸压影响范围增大,下方 3+4#、5# 煤层被保护层垂直应力最小值为 4 MPa,约为原岩应力的 30%,处于卸压保护范围内。

保护层开采后,底板煤岩层可划分为三个区:① 稳定卸压区。在工作面后方 60~160 m 范围,位于采空区中部,垂直应力为 10~14 MPa。此范围内煤岩体应力波动不大,发生剪切破坏和拉破坏。② 卸压膨胀区。在工作面后方 0~60 m 范围,位于采空区前端,垂直应力为 0~14 MPa,应力波动较大。此范围内的煤岩体开始发生膨胀变形,产生卸压效果。③ 应力增高区。在工作面前方和采空区后方 0~65 m 范围,位于采空区两端,垂直应力为 6~18 MPa,峰值是原岩应力的 1.44 倍,垂直应力沿采空区两端向外呈现先上升再趋于平稳的特征。

根据图 5-5 可得:下被保护层膨胀变形量峰值随着保护层采高的增加而增加,采高为 3.5 m 时,下方 5# 煤层被保护层膨胀变形量峰值达 6.72‰。构建不同采高和被保护层最大膨胀变形量之间的关系,如图 5-6 所示。

根据图 5-6 可得:下被保护层最大膨胀变形量随着保护层采高的增加而增加,大致符合线性增长特征。当保护层采高为 1.5 m 时,5# 煤层被保护层膨胀变形量峰值为 6.27‰,相比采高为 0.5 m 时卸压效果更好;沿煤层倾斜方向的卸压范围为 120 m,与采高为 2.5 m 和 3.5 m 时卸压效果差别不大,但半煤岩工作面采高为 2.5 和 3.5 m 时破煤层顶底板设备和工艺更加复杂,且成本更高,经济技术效益降低。

(3)保护层无煤柱全面卸压分析

将观测线布置在模型中 3+4# 煤层中部,自距模型左端 40 m 处往右端开挖,连续开挖两个保护层工作面(150 m),两工作面间留设煤柱宽度分别为 0、20 m、30 m 及 40 m,工作

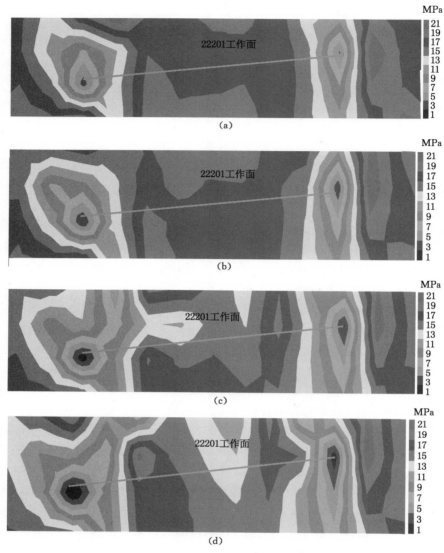

（a）采高 0.5 m；（a）采高 1.5 m；（a）采高 2.5 m；（a）采高 3.5 m。

图 5-4　不同采高工作面垂直应力变化云图

面采高为 1.5 m，模拟得到观测线处的垂直应力云图和膨胀变形量变化曲线，如图 5-7 和图 5-8 所示。

　　根据图 5-7 可得：当相邻两工作面之间留设煤柱时，被保护层发生垂直应力集中情况，其应力集中位置处于保护层煤柱正下方，且随着煤柱宽度的增加垂直应力集中的范围随之增大，当煤柱宽度为 40 m 时，垂直应力集中范围最大；反之，当无煤柱开采时，下被保护层中未出现垂直应力集中现象。当煤柱宽度分别为 0、20 m、30 m、40 m 时，卸压范围内下被保护层中垂直应力峰值分别为 10.8 MPa、29.8 MPa、23.3 MPa、21.9 MPa。据此判断，当采用无煤柱开采时，下被保护层将不产生卸压盲区，进而实现全面卸压。

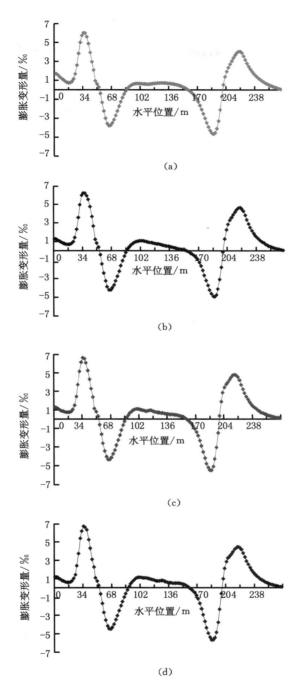

(a) 采高 0.5 m；(b) 采高 1.5 m；(c) 采高 2.5 m；(d) 采高 3.5 m。

图 5-5　不同采高时 5# 煤层膨胀变形量变化曲线

　　根据图 5-8 可得：随着煤柱宽度的增加，下被保护层中卸压盲区（膨胀变形量小于 3‰的范围）随之增大。当保护层相邻两工作面间的煤柱宽度分别为 0、20 m、30 m、40 m 时，下方的 3＋4# 煤层被保护层卸压盲区沿煤层倾斜方向的宽度分别为 0、44.2 m、52.2 m、64.3 m。

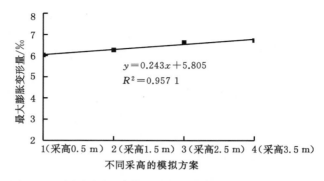

图 5-6　不同采高与 5$^#$ 煤层最大膨胀变形量关系

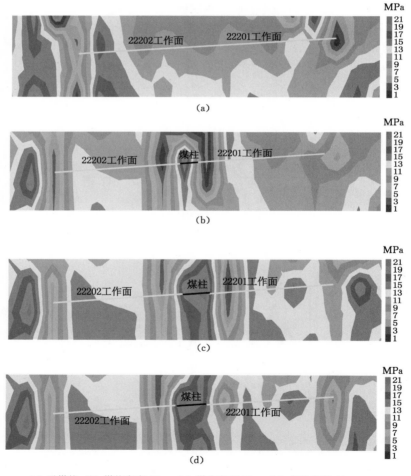

（a）无煤柱;（b）煤柱宽度 20 m;（c）煤柱宽度 30 m;（d）煤柱宽度 40 m。

图 5-7　不同煤柱宽度工作面垂直应力变化云图

据此判断,当保护层采用无煤柱开采时,下被保护层中无卸压盲区,进而可实现全面卸压。

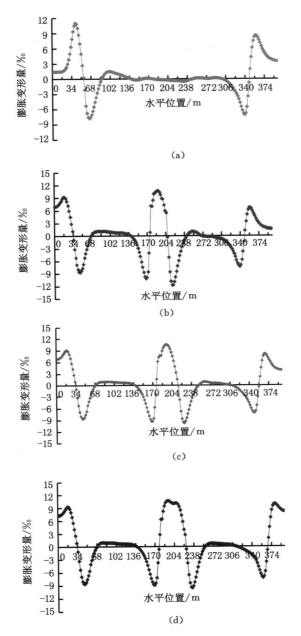

（a）无煤柱；（b）煤柱宽度 20 m；（c）煤柱宽度 30 m；（d）煤柱宽度 40 m。

图 5-8　不同煤柱宽度时 3＋4# 煤层被保护层膨胀变形量变化曲线

　　构建不同煤柱宽度和被保护层卸压盲区沿煤层倾斜方向的宽度之间的关系，如图 5-9 所示。通过分析得出，被保护层卸压盲区沿煤层倾斜方向的宽度随着煤柱宽度的增加而增加，大致符合线性增长特征。

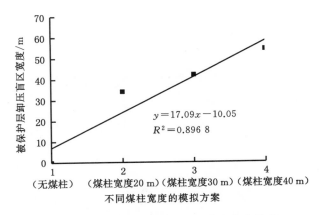

图 5-9 不同煤柱宽度与被保护层卸压盲区宽度关系

5.3 现场工程应用

5.3.1 半煤岩工作面设计

该煤矿为高瓦斯近距离煤层群开采条件,2#、3#、4#、5#煤层构成近距离煤层群,4#、5#煤层为主采煤层。该煤矿研究决定对 2# 薄煤层试行保护层开采,设计首个保护层开采工作面为 22201 工作面,该工作面设计倾斜长度为 150 m,整个工作面沿煤层走向的可采长度为 1 538 m。工作面范围内 2# 煤层厚度在 0.5～1.46 m 之间,设计工作面采高为 1.6 m,回采过程中截割煤层软弱底板形成半煤岩工作面。22201 工作面回采完毕后,将机轨合一巷保留下来作为沿空留巷(用于进风),实现无煤柱开采。设计沿空留巷宽度为 4.6 m,设计巷旁充填墙体宽度为 2 m,墙体通过巷旁柔模袋充填水泥砂石、粉煤灰混合料砌成。22201工作面布置及通风路线示意如图 5-10 所示,工作面上下空间层位如图 5-11 所示,工作面综合柱状图如图 5-12 所示。

5.3.2 半煤岩工作面关键设备选型

半煤岩工作面设备选型关键在于采煤机、刮板输送机和支架的选型配套,须满足"三机"在结构上相互联系配合,在功能上相互协调。

(1)采煤机、刮板输送机选型

考虑工作面的接替和设备检修等因素,设计工作面年推进长度为 1 200 m。结合 22201工作面开采条件,2# 煤层厚度变化范围为 0.7～1.46 m,平均厚度为 1.1 m,并且考虑通风断面和行人要求等,最终将工作面采高设计为 1.6 m,其中,割煤高度1.1 m,割底 0.5 m,采煤机截深为 0.6 m,在 22201 工作面中使用了 MG2×150/700-WD1 型采煤机,其性能参数如表 5-4 所示。

通过对 MG2×150/700-WD1 型采煤机性能分析,可知该采煤机的牵引类型为电牵引,

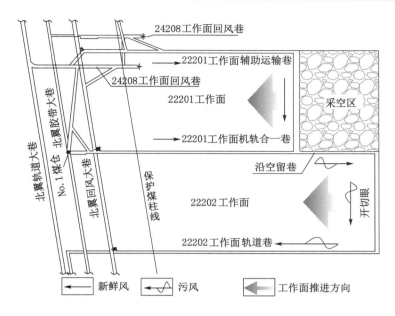

图 5-10　22201 工作面布置图

图 5-11　22201 工作面上下空间层位

并且具备自动监控功能,可以实时对采煤机的多种运行参数进行数据收集和处理,有利于实现自动控制。但将该采煤机应用在 22201 工作面时,尚需要对工作面生产能力进行理论计算,并对该采煤机的选型进行校核。充分考虑与所选矮机身采煤机配套,工作面刮板输送机选用装机功率为 $2 \times 160\ kW$、输送能力为 $650\ t/h$ 的 SGZ730/320 型刮板输送机。

(2)综采液压支架选型

液压支架选型应同时满足:① 具有合理的支护高度;② 具有高强度;③ 具有可靠的工作阻力。理论计算得出,22201 半煤岩工作面的支护强度需大于 $0.34\ MPa$,在工作面内使用的液压支架还必须拥有自动控制功能。ZY3600/07/16.5D 型液压支架为一种先进的适合于薄煤层开采的液压支架,该型液压支架留有电液控制接口,能够配合电液控制系统实现自动控制。目前在 22201 工作面已经完成了单架液压支架的电液控制系统配置,从运行情况看,其控制性能良好。综合考虑后,22201 半煤岩工作面选用 ZY3600/07/16.5D 型液压支架,其性能参数如表 5-5 所示。

地层				层厚/m	柱状 1:200	煤岩层名称	岩 性 描 述
界	系	统	组				
古生界	二叠系	下统系	山西组	12.5		泥岩	泥岩,顶部呈浅灰色,下部呈黑灰色,夹有两层细砂岩薄层
				6.27		砂质泥岩	深灰色砂质泥岩,具透镜状层理,上部含植物根茎化石,半坚硬
						泥岩	灰黑色泥岩,中厚层状,具透镜状及均匀层理,平坦阶梯状断口
				0.83		2#煤层	煤,中条带结构,以亮煤为主,夹镜煤条带,内生裂隙发育,玻璃光泽
				1.07			
				2.6		细砂岩	深灰色细砂岩,中厚层状,泥质胶结,具脉状层理,顶部有0.15 m厚的碳质泥岩,之下为0.2 m厚的根土泥岩
				1.8		粉砂岩	深灰色粉砂岩,薄层状,具脉状层理,坚硬
				2.16		砂质泥岩	深灰色砂质泥岩,具透镜状层理,平坦状断口,底部含碳量较高,含植物根茎化石,半坚硬
				3.82		中砂岩	深灰色中砂岩,上部富含煤屑、白云母,分选性好,次棱角状,钙质胶结,局部含泥岩包体,坚硬
				3.57		砂质泥岩	深灰色砂质泥岩,具透镜状层理,平坦状断口,底部含碳量较高,含植物根茎化石,半坚硬
				4.12		3+4#煤层	煤,中条带结构,以亮煤为主,夹镜煤条带,半亮煤,玻璃光泽,内生裂隙发育,夹石为碳质泥岩
				2.12		细砂岩	深黑色细砂岩,具脉状层理,富含植物茎干化石
				1.91		泥岩	灰黑色泥岩,中厚层状,具透镜状及均匀层理,平坦阶梯状断口
				3.6		5#煤层	煤,半亮煤,夹镜煤条带,玻璃光泽,内生裂隙发育,夹石为碳质泥岩
				0.5		泥岩	深灰色泥岩,薄层状,具水平纹理,平坦状断口
				2.33		K$_3$砂岩	褐灰色砂岩,具平行层理,含星散状黄铁矿
				4.45		泥岩	灰黑色泥岩,中厚层状,具透镜状及均匀层理,平坦阶梯状断口
				6.02		L$_5$灰岩	灰白色灰岩,厚层状,结晶结构,含海百合茎等海生动物化石,底部含燧石结核及黄铁矿结核

图 5-12 22201 工作面综合柱状图

表 5-4　MG2×150/700-WD1 型采煤机性能参数

序号	项目	技术特征
1	采煤机型号	MG2×150/700-WD1
2	采高/m	1.2～2.05
3	截深/m	0.6,0.8
4	适应倾角/(°)	≤30
5	滚筒直径/m	1.15,1.25,1.4
6	滚筒转速/(r/min)	66.96,77.6
7	摇臂长度/mm	2 064
8	摇臂摆动中心距/mm	5 787
9	牵引力/kN	456
10	牵引速度/(m/min)	0～9.01
11	牵引型式	电牵引
12	机面高度/mm	860
13	最小卧底量/mm	176,226,301
14	灭尘方式	内外喷雾
15	装机功率/kW	700
16	电压/V	3 300
17	设计生产能力/(t/h)	800
18	总质量/t	35

表 5-5　ZY3600/07/16.5D 型液压支架性能参数

序号	项目	技术特征
1	型式	两柱掩护式电液控制液压支架
2	支护高度/mm	700(收缩高度)～1 650(展开高度)
3	支架宽度/mm	1 430～1 600
4	支架中心距/mm	1 500
5	额定初撑力/kN	3 093(31.5 MPa)
6	额定工作阻力/kN	3 600(36.67 MPa)
7	平均支护强度/MPa	0.37～0.49($f=0.2$)
8	对地平均比压/MPa	1.22～1.61($f=0.2$)
9	运输尺寸(长×宽×高)/mm	4 865×1 430×700
10	推移步距/mm	630

表 5-5(续)

序号	项目	技术特征
11	适应倾角/(°)	0～15
12	泵站压力/MPa	31.5
13	控制方式	电液控制
14	通风断面积/m²	≥2.52
15	总质量/t	约9.8

该液压支架平均支护强度为 0.37～0.49 MPa,大于理论要求的 0.34 MPa,从支护强度考虑,ZY3600/07/16.5D 型液压支架符合 22201 半煤岩工作面支护要求。该液压支架的最小控顶距为 3.9 m,最大控顶距为 4.5 m,应用在 22201 半煤岩工作面时,虽然工作面的采高较低,但是使用该液压支架可保证有较大的通风断面。

22201 半煤岩工作面在机轨合一巷中布置各种机电设备以及轨道和输送机,要求采用较大的巷道断面,且工作面与回采巷道的连接处是事故易发地点,需要在工作面端头进行特殊支护。在选择工作面端头支架时,按照工作面支护要求以及端头的特殊条件,要求其满足相关技术特点和要求。

选择 ZYG3600/07/16.5D 型两柱掩护式液压支架作为 22201 半煤岩工作面端头支架,该液压支架支护高度为 700～1 650 mm,平均支护强度大于 0.33 MPa,这些参数均满足工作面支护要求,并且该型液压支架可以采用电液控制方式控制,从而能够满足综采工作面对液压支架的要求,其具体技术参数如表 5-6 所示。

表 5-6　ZYG3600/07/16.5D 型液压支架主要技术参数

序号	项目	技术特征
1	型式	两柱掩护式电液控制液压支架
2	支护高度/mm	700(收缩高度)～1 650(展开高度)
3	支架宽度/mm	1 430～1 600
4	支架中心距/mm	1 500
5	额定初撑力/kN	3 093(31.5 MPa)
6	额定工作阻力/kN	3 600(36.67 MPa)
7	平均支护强度/MPa	0.37～0.45(f=0.2)
8	对地平均比压/MPa	1.22～1.61(f=0.2)
9	通风断面积/m²	≥2.52
10	适应倾角/(°)	0～15
11	泵站压力/MPa	31.5
12	控制方式	电液控制
13	推移步距/mm	630
14	运输尺寸(长×宽×高)/mm	4 865×1 430×700

5.3.3 半煤岩工作面回采工艺设计

该煤矿 22201 半煤岩工作面布置综采机械设备,采用综合机械化采煤工艺,工作面顶煤和底煤分别由矮机身采煤机的前、后滚筒截割,双向割煤,追机作业,两端头斜切进刀割三角煤。采煤机截割高度为 1.6 m,截深为 0.6 m,每日共推进 3.6 m。滞后采煤机后滚筒 5～10 m进行推移输送机作业,滞后采煤机后滚筒 3 架液压支架进行移架作业。工作面一班检修、一班充填、两班生产,形成"四六制"作业方式。

当半煤岩工作面破岩厚度超过 0.6 m 时,若继续使用采煤机连续破岩,则会导致采煤机截齿磨损严重,进而导致截齿需要经常更换,这不仅会影响工作面回采进度,也会增加设备维修费用,从而降低半煤岩工作面的经济技术效益。为实现半煤岩工作面的高效开采,实施了半煤岩工作面预裂煤壁底部岩层的辅助爆破措施。在煤壁底部岩层中布置单排预裂炮孔,一次装药起爆,通过放震动炮预裂破碎煤壁底部岩层,然后使用采煤机截割煤岩。辅助爆破炮孔参数和布置示意分别如表 5-7 和图 5-13 所示。

表 5-7 辅助爆破炮孔参数

每孔装药量/g	337	连线方法	串联
炮孔孔径/mm	42	炸药名称	乳化炸药
炮孔深度/m	1.5	封泥长度/m	0.6
炮孔间距/m	1.2	爆破孔角度/(°)	仰角 8～10

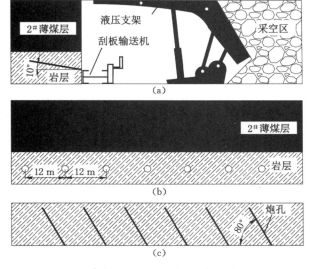

(a) 侧视图;(b) 平视图;(c) 俯视图。

图 5-13 辅助爆破炮孔布置示意

5.4 卸压效果分析

5.4.1 半煤岩工作面回采情况

22201 半煤岩工作面现场布置如图 5-14 所示。从 2012 年 1 月 6 日至 2 月 27 日,半煤岩工作面试采过程中设备调试等因素导致工作面推进速度较慢,其间共完成进尺 113.2 m,工作面回采效率偏低;自 2 月 27 日至 7 月 22 日,半煤岩工作面推进速度有所提高,在将近 5 个月的观测期间内半煤岩工作面采煤约 181 020 t,进尺约 602.6 m。现场应用实际效果表明,半煤岩工作面所选用的配套设备基本满足要求,实现了半煤岩工作面的安全高效开采。

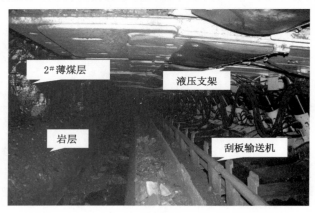

图 5-14　22201 半煤岩工作面现场照片

5.4.2 被保护层全面卸压效果

（1）瓦斯抽采钻孔布置

为分析 22201 半煤岩工作面作为保护层先行开采后,其下方 3＋4# 煤层被保护层的卸压情况,在 3＋4# 煤层 24208 工作面辅助运输巷采煤帮施工煤层瓦斯预抽钻孔对本煤层瓦斯进行预抽。在 22201 工作面推进方向超前 100 m 处,在 3＋4# 煤层 24208 工作面辅助运输巷采煤帮施工钻场,每个钻场内施工钻孔 5～9 个,以对 3＋4# 煤层瓦斯进行预抽,钻场间距 50 m。采用 DDR-1200 型千米定向钻机施工瓦斯预抽钻孔,钻孔施工时开孔间距控制在 1 m、终孔间距控制在 10 m 左右,目标方位为 359°,钻孔深度为 340 m,钻孔的倾角和方位角根据现场实际情况进行调整。钻孔直径为 96 mm,扩孔后直径为 150 mm,采用 4 寸(1 寸≈3.33 cm)PVC 管封孔,封孔材料选择强度等级为 42.5 的水泥,封孔长度为 9 m。3＋4# 煤层 24208 工作面辅助运输巷采煤帮钻孔布置示意如图 5-15 所示。

（2）瓦斯抽采效果分析

该煤矿南翼山西组煤层群开采时,未进行薄煤层上保护层开采,而直接开采瓦斯含量较

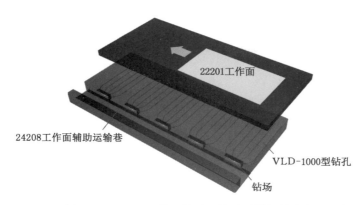

图 5-15　24208 工作面辅助运输巷采煤帮钻孔布置示意

高的 3$^#$ 厚煤层。根据该煤矿南翼和北翼山西组煤层群开采实际，将南翼 3$^#$ 煤层瓦斯预抽情况和北翼 3＋4$^#$ 煤层瓦斯预抽情况进行对比分析，从而反映矿井北翼开采保护层后其下方被保护层的卸压效果。矿井北翼 3＋4$^#$ 煤层 24208 工作面辅助运输巷采煤帮各千米定向钻孔瓦斯预抽情况如图 5-16 所示，矿井南翼 3$^#$ 煤层 14301 工作面各千米定向钻孔瓦斯预抽情况如图 5-17 所示。

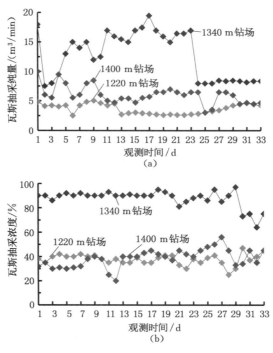

（a）瓦斯抽采纯量；（b）瓦斯抽采浓度。

图 5-16　24208 工作面辅助运输巷右侧钻场瓦斯抽采数据

由图 5-16 分析得出：在现场观测期间，3＋4$^#$ 煤层 24208 工作面辅助运输巷各钻孔瓦斯预抽数据呈现的波动特征基本一致，根据变化曲线可以看出，其大致呈先平稳，再急速增

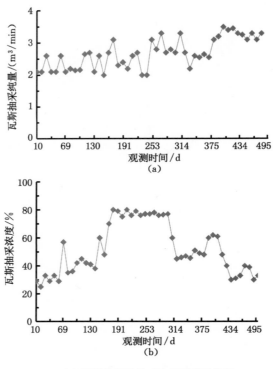

（a）瓦斯抽采纯量；（b）瓦斯抽采浓度。

图 5-17 14301 工作面钻场瓦斯抽采数据

大,经过一段时间后开始减小直至最后再次恢复平稳状态。初步分析其原因为,该煤矿北翼实施了薄煤层上保护层开采,随着 22201 保护层工作面不断向前推进,下方 3＋4#煤层被保护层受采动影响卸压,其煤岩体结构、应力状态、透气性及瓦斯动力参数等发生明显改变,24208 工作面辅助运输巷各钻孔瓦斯依次经历采动影响前的平稳状态、采动影响过程中的急速上升以及采动影响后逐渐恢复平稳三个时期。在钻孔进入卸压区过程中,钻孔预抽瓦斯纯量和浓度均急速上升并达到峰值,瓦斯抽采纯量峰值达 18 m³/min,瓦斯抽采浓度峰值达 90％。由图 5-17 分析可知:在现场观测期间,矿井南翼 3#煤层 14301 工作面各千米定向钻孔瓦斯预抽情况为,瓦斯抽采纯量在 2.0～3.5 m³/min 之间,瓦斯抽采浓度在 25％～80％之间,预抽效果远比矿井北翼 3＋4#煤层的差。

综上分析得出,保护层先行回采后,受采动影响,下邻近被保护层的煤岩体结构、应力状态及瓦斯动力参数发生明显改变。就最先发生改变的区域而言,通常在保护层工作面前方10～20 m 处邻近被保护层开始出现卸压作用,随着保护层工作面不断向前推进,在其后方采空区下方,被保护层将发生剧烈的卸压膨胀变形,煤层透气性增强,瓦斯动力参数随之明显改变,卸压后的被保护层瓦斯预抽效果明显改善。

5.5 本章小结

（1）针对煤层群中不具备煤层厚度大于 0.8 m 的常规保护层开采条件,为实现邻近煤层群的卸压增透,提出了半煤岩保护层工作面开采技术。

（2）针对卸压盲区范围内煤层将出现应力集中、法向挤压变形、瓦斯压力和含量增大,进而导致被保护层开采时存在一定安全隐患的问题,提出了半煤岩上保护层工作面无煤柱开采技术,以实现下被保护层的全面卸压。

（3）数值模拟结果表明:随着煤柱宽度的增加,下被保护层中卸压盲区（膨胀变形量小于 3‰的范围）随之增大。当上保护层相邻两工作面间的煤柱宽度分别为 0、20 m、30 m、40 m 时,下被保护层 3+4# 煤层卸压盲区沿煤层倾斜方向的宽度分别为 0、44.2 m、52.2 m、64.3 m。据此判断,当半煤岩上保护层工作面采用无煤柱开采时,下被保护层中无卸压盲区,进而可实现全面卸压。

（4）现场工程实践表明:该煤矿南翼 14301 工作面采用千米定向钻孔对 3+4# 煤层瓦斯进行预抽,观测期间,瓦斯抽采纯量均在 2.0 m³/min 以上,最大值近 3.5 m³/min;瓦斯抽采浓度均在 25% 以上,最高值近 80%。3+4# 煤层 24208 工作面运输巷右侧 1 400 m、1 340 m、1 220 m 处钻场钻孔预抽煤层瓦斯浓度和纯量数据变化规律大致相同,依次呈现平稳、上升、再下降并恢复平稳四个阶段。

参 考 文 献

[1] 柏建彪,侯朝炯,黄汉富.沿空掘巷窄煤柱稳定性数值模拟研究[J].岩石力学与工程学报,2004,23(20):3475-3479.

[2] 别小飞,王文,唐世界,等.深井高应力切顶卸压沿空掘巷围岩控制技术[J].煤炭科学技术,2020,48(9):173-179.

[3] 蔡美峰.地应力测量原理和技术:修订版[M].北京:科学出版社,1995.

[4] 曹建军.基于动力属性的深井灾害防治技术研究与应用[J].煤炭科学技术,2014,42(11):50-54.

[5] 陈才贤,苏静,汤铸,等.留窄煤柱沿空掘巷在突出煤层中的应用研究[J].矿业安全与环保,2015,42(5):81-83,91.

[6] 陈才贤,苏静,汤铸,等.沿空掘巷卸压消突范围的确定[J].中国煤炭,2017,43(2):104-107.

[7] 陈才贤,苏静,李文斌.上保护层开采区域防突措施效果考察分析[J].中国煤炭,2017,43(5):110-112.

[8] 陈才贤,苏静,汤铸,等.沿空掘巷卸压消突合理煤柱宽度的确定[J].矿业安全与环保,2017,44(1):66-69.

[9] 陈金宇,李文洲.孤岛工作面动压回采巷道水力切顶护巷技术[J].煤矿安全,2016,47(12):129-132.

[10] 陈上元,赵菲,王洪建,等.深部切顶沿空成巷关键参数研究及工程应用[J].岩土力学,2019,40(1):332-342,350.

[11] 陈勇,郝胜鹏,陈延涛,等.带有导向孔的浅孔爆破在留巷切顶卸压中的应用研究[J].采矿与安全工程学报,2015,32(2):253-259.

[12] 陈勇,李百宜,郝德永,等.固体充填采煤沿空留巷顶板下沉影响因素研究[J].矿业研究与开发,2015,35(9):14-19.

[13] 成云海,姜福兴,林继凯,等.采场坚硬顶板沿空巷旁柔性充填留巷试验研究[J].采矿与安全工程学报,2012,29(6):757-761.

[14] 程国建.中远距离上保护层开采被保护层卸压时空效应及应用研究[J].矿业安全与环保,2014,41(4):80-83.

[15] 程详,赵光明,李英明,等.软岩保护层开采卸压增透效应及瓦斯抽采技术研究[J].采矿与安全工程学报,2018,35(5):1045-1053.

[16] 程远平,俞启香.煤层群煤与瓦斯安全高效共采体系及应用[J].中国矿业大学学报,2003,32(5):471-475.

[17] 程远平,周德永,俞启香,等.保护层卸压瓦斯抽采及涌出规律研究[J].采矿与安全工程学报,2006,23(1):12-18.

[18] 程志恒,齐庆新,李宏艳,等.近距离煤层群叠加开采采动应力-裂隙动态演化特征实验研究[J].煤炭学报,2016,41(2):367-375.

[19] 邓玉华.近水平上保护层开采覆岩破坏规律数值模拟研究[J].煤炭工程,2017,49(5):87-90.

[20] 窦林名,姜耀东,曹安业,等.煤矿冲击矿压动静载的"应力场-震动波场"监测预警技术[J].岩石力学与工程学报,2017,36(4):803-811.

[21] 窦林名,白金正,李许伟,等.基于动静载叠加原理的冲击矿压灾害防治技术研究[J].煤炭科学技术,2018,46(10):1-8.

[22] 窦林名,何学秋,REN T,等.动静载叠加诱发煤岩瓦斯动力灾害原理及防治技术[J].中国矿业大学学报,2018,47(1):48-59.

[23] 方新秋,耿耀强,王明.高瓦斯煤层千米定向钻孔煤与瓦斯共采机理[J].中国矿业大学学报,2012,41(6):885-892.

[24] 冯吉成,马念杰,赵志强,等.深井大采高工作面沿空掘巷窄煤柱宽度研究[J].采矿与安全工程学报,2014,31(4):580-586.

[25] 冯彦军,康红普.定向水力压裂控制煤矿坚硬难垮顶板试验[J].岩石力学与工程学报,2012,31(6):1148-1155.

[26] 冯彦军,康红普.受压脆性岩石Ⅰ-Ⅱ型复合裂纹水力压裂研究[J].煤炭学报,2013,38(2):226-232.

[27] 甘林堂.地面钻井抽采被保护层采动区卸压瓦斯技术研究[J].煤炭科学技术,2019,47(11):110-115.

[28] 高玉兵,杨军,何满潮,等.厚煤层无煤柱切顶成巷碎石帮变形机制及控制技术研究[J].岩石力学与工程学报,2017,36(10):2492-2502.

[29] 高玉兵,郭志飚,杨军,等.沿空切顶巷道围岩结构稳态分析及恒压让位协调控制[J].煤炭学报,2017,42(7):1672-1681.

[30] 高玉兵,何满潮,杨军,等.无煤柱自成巷空区矸体垮落的切顶效应试验研究[J].中国矿业大学学报,2018,47(1):21-31.

[31] 关英斌,李海梅,路军臣.显德汪煤矿9号煤层底板破坏规律的研究[J].煤炭学报,2003,28(2):121-125.

[32] 郭鹏飞,张国锋,陶志刚.坚硬软弱复合顶板切顶卸压沿空留巷爆破技术[J].煤炭科学技术,2016,44(10):120-124.

[33] 郭世儒,茅献彪,缪盛凯,等.下保护层开采对上覆巷道围岩稳定性的影响[J].煤矿安全,2017,48(12):203-206.

[34] 郭相平,冯彦军,白宇.水力压裂技术控制坚硬顶板上隅角悬顶面积试验[J].煤矿开采,2015,20(5):70-73.

[35] 郭志飚,王将,曹天培,等.薄煤层切顶卸压自动成巷关键参数研究[J].中国矿业大学学报,2016,45(5):879-885.

[36] 国家安全生产监督管理总局,国家煤矿安全监察局.煤矿安全规程[M].北京:煤炭工

业出版社,2016.

[37] 国家煤矿安全监察局.防治煤与瓦斯突出细则[M].北京:煤炭工业出版社,2019.

[38] 韩昌良,张农,李桂臣,等.大采高沿空留巷巷旁复合承载结构的稳定性分析[J].岩土工程学报,2014,36(5):969-976.

[39] 何富连,张广超.深部高水平构造应力巷道围岩稳定性分析及控制[J].中国矿业大学学报,2015,44(3):466-476.

[40] 何满潮,景海河,孙晓明.软岩工程力学[M].北京:科学出版社,2002.

[41] 何满潮,曹伍富,单仁亮,等.双向聚能拉伸爆破新技术[J].岩石力学与工程学报,2003,22(12):2047-2051.

[42] 何满潮.中国煤矿锚杆支护理论与实践[M].北京:科学出版社,2004.

[43] 何满潮,曹伍富,王树理.双向聚能拉伸爆破及其在硐室成型爆破中的应用[J].安全与环境学报,2004,4(1):8-11.

[44] 何满潮,王炯,孙晓明,等.负泊松比效应锚索的力学特性及其在冲击地压防治中的应用研究[J].煤炭学报,2014,39(2):214-221.

[45] 何满潮,宋振骐,王安,等.长壁开采切顶短壁梁理论及其110工法:第三次矿业科学技术变革[J].煤炭科技,2017(1):1-9,13.

[46] 何满潮,高玉兵,杨军,等.无煤柱自成巷聚能切缝技术及其对围岩应力演化的影响研究[J].岩石力学与工程学报,2017,36(6):1314-1325.

[47] 何满潮,陈上元,郭志飚,等.切顶卸压沿空留巷围岩结构控制及其工程应用[J].中国矿业大学学报,2017,46(5):959-969.

[48] 何满潮,高玉兵,杨军,等.厚煤层快速回采切顶卸压无煤柱自成巷工程试验[J].岩土力学,2018,39(1):254-264.

[49] 何满潮,郭鹏飞,王炯,等.禾二矿浅埋破碎顶板切顶成巷试验研究[J].岩土工程学报,2018,40(3):391-398.

[50] 何满潮,马资敏,郭志飚,等.深部中厚煤层切顶留巷关键技术参数研究[J].中国矿业大学学报,2018,47(3):468-477.

[51] 贺爱萍,付华,霍丙杰,等.保护层开采被保护层裂隙分布与增透效果相似材料模拟[J].安全与环境学报,2019,19(4):1174-1181.

[52] 胡国忠,王宏图,范晓刚,等.俯伪斜上保护层保护范围的瓦斯压力研究[J].中国矿业大学学报,2008,37(3):328-332.

[53] 胡国忠,王宏图,李晓红,等.急倾斜俯伪斜上保护层开采的卸压瓦斯抽采优化设计[J].煤炭学报,2009,34(1):9-14.

[54] 胡国忠,许家林,黄军碗,等.高瓦斯综放工作面的均衡开采技术研究[J].煤炭学报,2010,35(5):711-716.

[55] 胡千庭.煤与瓦斯突出的力学作用机理[D].北京:中国矿业大学(北京),2007.

[56] 胡千庭,周世宁,周心权.煤与瓦斯突出过程的力学作用机理[J].煤炭学报,2008,33(12):1368-1372.

[57] 胡千庭,孙海涛.煤矿采动区地面井逐级优化设计方法[J].煤炭学报,2014,39(9):1907-1913.

[58] 华心祝,刘淑,刘增辉,等.孤岛工作面沿空掘巷矿压特征研究及工程应用[J].岩石力学与工程学报,2011,30(8):1646-1651.

[59] 黄光利,唐小洪,王宏图.突出煤层群俯伪斜上保护层开采的保护范围研究[J].煤矿安全,2018,49(8):149-152,156.

[60] 黄万朋,高延法,文志杰,等.钢管混凝土支柱巷旁支护沿空留巷技术研究[J].中国矿业大学学报,2015,44(4):604-611.

[61] 霍丙杰,范张磊,路洋波,等.保护层开采被保护层体积应变与渗透特性相似模拟研究[J].煤炭科学技术,2018,46(7):19-25,80.

[62] 贾民,柏建彪,田涛,等.墩柱式沿空留巷技术研究[J].煤炭科学技术,2014,42(1):18-22.

[63] 贾明魁,李学臣,郭艳飞,等.定向长钻孔超前预抽煤层瓦斯区域治理技术[J].煤矿安全,2018,49(12):68-71.

[64] 江贝,李术才,王琦,等.基于非连续变形分析方法的深部沿空掘巷围岩变形破坏及控制机制对比研究[J].岩土力学,2014,35(8):2353-2360.

[65] 姜福兴,杨光宇,魏全德,等.煤矿复合动力灾害危险性实时预警平台研究与展望[J].煤炭学报,2018,43(2):333-339.

[66] 巨峰,孙强,黄鹏,等.顶底双软型薄煤层快速沿空留巷技术研究[J].采矿与安全工程学报,2014,31(6):914-919.

[67] 康红普,王金华.煤巷锚杆支护理论与成套技术[M].北京:煤炭工业出版社,2007.

[68] 康红普,颜立新,郭相平,等.回采工作面多巷布置留巷围岩变形特征与支护技术[J].岩石力学与工程学报,2012,31(10):2022-2036.

[69] 康红普,冯彦军.定向水力压裂工作面煤体应力监测及其演化规律[J].煤炭学报,2012,37(12):1953-1959.

[70] 康红普,冯彦军.煤矿井下水力压裂技术及在围岩控制中的应用[J].煤炭科学技术,2017,45(1):1-9.

[71] 康建宁.基于合理采掘部署的突出煤层群开采区域防突措施[J].矿业安全与环保,2017,44(3):43-48.

[72] 雷瑛.煤矿机械绿色设计以及加工途径的分析[J].煤矿机械,2017,38(10):70-72.

[73] 李超,张志发,廖宇.近距离煤层大采高工作面设备选型[J].煤矿安全,2015,46(7):222-224.

[74] 李江涛.煤层群开采保护层厚度设计优化数值模拟研究[J].能源与环保,2019,41(8):154-157.

[75] 李磊,柏建彪,王襄禹.综放沿空掘巷合理位置及控制技术[J].煤炭学报,2012,37(9):1564-1569.

[76] 李日富,梁运培,程国强.采空区覆岩走向水平移动机理研究[J].煤矿安全,2008,39(4):8-11.

[77] 李胜,李军文,范超军,等.综放沿空留巷顶板下沉规律与控制[J].煤炭学报,2015,40(9):1989-1994.

[78] 李胜,毕慧杰,罗明坤,等.高瓦斯综采工作面顶板走向高抽巷布置研究[J].煤炭科学

技术,2017,45(7):61-67.

[79] 李舒霞,姜福兴,朱权洁.复合墙体支护技术在沿空留巷中的应用研究[J].煤炭科学技术,2014,42(12):32-36.

[80] 李树刚,林海飞,赵鹏翔,等.采动裂隙椭抛带动态演化及煤与甲烷共采[J].煤炭学报,2014,39(8):1455-1462.

[81] 李树清,何学秋,李绍泉,等.煤层群双重卸压开采覆岩移动及裂隙动态演化的实验研究[J].煤炭学报,2013,38(12):2146-2152.

[82] 李晓红,王晓川,康勇,等.煤层水力割缝系统过渡过程能量特性与耗散[J].煤炭学报,2014,39(8):1404-1408.

[83] 李学华,鞠明和,贾尚昆,等.沿空掘巷窄煤柱稳定性影响因素及工程应用研究[J].采矿与安全工程学报,2016,33(5):761-769.

[84] 林柏泉,刘厅,邹全乐,等.割缝扰动区裂纹扩展模式及能量演化规律[J].煤炭学报,2015,40(4):719-727.

[85] 林海飞,李树刚,赵鹏翔,等.我国煤矿覆岩采动裂隙带卸压瓦斯抽采技术研究进展[J].煤炭科学技术,2018,46(1):28-35.

[86] 刘承祚,张菊明,刘素华,等.煤与瓦斯突出危险性区域预测的数学地质研究[M].北京:海洋出版社,1992.

[87] 刘过兵,刘东才.薄煤层高产高效途径探讨[J].辽宁工程技术大学学报,2002,21(4):531-533.

[88] 刘洪永,程远平,赵长春,等.保护层的分类及判定方法研究[J].采矿与安全工程学报,2010,27(4):468-474.

[89] 刘佳,赵耀江,施恭东,等.深孔定向钻进技术与装备在我国矿井瓦斯抽采中的应用[J].煤炭工程,2017,49(7):106-110.

[90] 刘建高,谢小平,刘宗柱.高瓦斯煤层群薄煤层保护层开采卸压效果分析[J].煤矿安全,2013,44(10):192-195.

[91] 刘生龙,朱传杰,林柏泉,等.水力割缝空间分布模式对煤层卸压增透的作用规律[J].采矿与安全工程学报,2020,37(5):983-990.

[92] 刘喜军.深井煤岩瓦斯动力灾害防治研究[J].煤炭科学技术,2018,46(11):69-75.

[93] 刘绪玉.不连沟煤矿高产高效开采设计及设备选型配套[J].煤炭科学技术,2013,41(增刊):4-7.

[94] 刘宜平,董昌伟,郭标.祁东矿切顶卸压无煤柱开采矿压规律及围岩控制[J].煤矿安全,2019,50(1):165-169.

[95] 刘应科.远距离下保护层开采卸压特性及钻井抽采消突研究[J].煤炭学报,2012,37(6):1067-1068.

[96] 刘跃东,林健,冯彦军,等.基于水压致裂法的岩石抗拉强度研究[J].岩土力学,2018,39(5):1781-1788.

[97] 卢小雨,华心祝,赵明强.沿空留巷顶板下沉变形的力学分析[J].地下空间与工程学报,2011,7(1):39-43.

[98] 吕广罗,田刚军,张勇,等.巨厚砂砾岩含水层下特厚煤层保水开采分区及实践[J].煤

炭学报,2017,42(1):189-196.

[99] 马雷舍夫,艾鲁尼,胡金,等.煤与瓦斯突出预测方法和防治措施[M].魏风清,张建国,译.北京:煤炭工业出版社,2003.

[100] 马新根,何满潮,李先章,等.切顶卸压自动成巷覆岩变形机理及控制对策研究[J].中国矿业大学学报,2019,48(3):474-483.

[101] 毛瑞彪,赵阳升,刘正和.忻州窑矿水力割缝防治冲击地压效果分析[J].煤炭技术,2017,36(7):195-196.

[102] 孟贤正,王中华,陈国红,等.深部单一严重突出煤层煤巷掘进卸压防突技术[J].煤炭科学技术,2016,44(12):75-80.

[103] 宁建国,马鹏飞,刘学生,等.坚硬顶板沿空留巷巷旁"让-抗"支护机理[J].采矿与安全工程学报,2013,30(3):369-374.

[104] 齐峰.保护层区段煤柱宽度对被保护层卸压效果的影响[J].矿业安全与环保,2016,43(4):10-13.

[105] 钱鸣高,许家林,缪协兴.煤矿绿色开采技术[J].中国矿业大学学报,2003,32(4):343-348.

[106] 钱鸣高,许家林,缪协兴.煤矿绿色开采技术体系的构建与实践[M]//佚名.中国煤炭工业可持续发展的新型工业化之路:高效、安全、洁净、结构优化.北京:煤炭工业出版社,2004.

[107] 钱鸣高,石平五,许家林.矿山压力与岩层控制[M].2版.徐州:中国矿业大学出版社,2010.

[108] 秦伟,许家林,胡国忠,等.老采空区瓦斯储量预测方法研究[J].煤炭学报,2013,38(6):948-953.

[109] 秦子晗,潘俊锋,任勇.薄煤层作为保护层开采的卸压机理[J].煤矿开采,2010,15(2):85-86.

[110] 屈庆栋,许家林,钱鸣高.关键层运动对邻近层瓦斯涌出影响的研究[J].岩石力学与工程学报,2007,26(7):1478-1484.

[111] 冉玉玺,田龙,孙建和.低位放顶煤开采技术在越南煤矿的推广应用[J].煤矿机械,2016,37(8):128-131.

[112] 撒占友,李磊,卢守青,等."三软"煤层上保护层开采底板围岩透气性演化相似试验研究[J].煤矿安全,2017,48(7):25-28.

[113] 施峰,王宏图,舒才.间距对上保护层开采保护效果影响的相似模拟实验研究[J].中国安全生产科学技术,2017,13(12):138-144.

[114] 施峰.不同间距煤层群上保护层开采保护效果变化规律与工程应用[D].重庆:重庆大学,2018.

[115] 司红勇.东峰煤矿沿空留巷围岩变形规律研究[J].煤矿机械,2017,38(6):32-34.

[116] 孙福玉.综放开采窄煤柱沿空掘巷围岩失稳机理与控制技术[J].煤炭科学技术,2018,46(10):149-154.

[117] 孙国文,罗甲渊,罗斌玉.采动岩层渗透率与应力耦合关系数值模拟研究[J].煤矿安全,2018,49(1):214-217.

[118] 孙海涛,郑颖人,胡千庭,等.地面钻井套管耦合变形作用机理[J].煤炭学报,2011,36(5):823-829.

[119] 孙海涛,朱墨然,曹偈,等.突出煤层相似材料配比模型构建的正交试验研究[J].煤炭科学技术,2019,47(8):116-122.

[120] 孙力.上行卸压开采厚硬岩组破断演化与卸压特征研究[D].淮南:安徽理工大学,2015.

[121] 孙晓明,刘鑫,梁广峰,等.薄煤层切顶卸压沿空留巷关键参数研究[J].岩石力学与工程学报,2014,33(7):1449-1456.

[122] 孙志勇,冯彦军,郭相平.凤凰山煤矿坚硬顶板定向水力压裂技术应用研究[J].中国矿业,2014,23(11):108-110.

[123] 孙志勇,张镇,王子越,等.水力压裂切顶卸压技术在大采高留巷中的应用研究[J].煤炭科学技术,2019,47(10):190-197.

[124] 唐建新,胡海,涂兴东,等.普通混凝土巷旁充填沿空留巷试验[J].煤炭学报,2010,35(9):1425-1429.

[125] 王德超,王琦,李术才,等.深井综放沿空掘巷围岩变形破坏机制及控制对策[J].采矿与安全工程学报,2014,31(5):665-673.

[126] 王德超,王洪涛,李术才,等.基于煤体强度软化特性的综放沿空掘巷巷帮受力变形分析[J].中国矿业大学学报,2019,48(2):295-304.

[127] 王海锋.采场下伏煤岩体卸压作用原理及在被保护层卸压瓦斯抽采中的应用[D].徐州:中国矿业大学,2008.

[128] 王金安,王树仁,冯锦艳,等.岩土工程数值计算方法实用教程[M].北京:科学出版社,2010.

[129] 王炯,刘雨兴,马新根,等.塔山煤矿综采工作面切顶留巷技术[J].煤炭科学技术,2019,47(2):27-34.

[130] 王军,高延法,何晓升,等.沿空留巷巷旁支护参数分析与钢管混凝土墩柱支护技术研究[J].采矿与安全工程学报,2015,32(6):943-949.

[131] 王利,孟兵兵,曹运兴,等.水力压裂体积张开度模型[J].岩石力学与工程学报,2020,39(5):887-900.

[132] 王露,许家林,吴仁伦.采动煤层瓦斯充分卸压应力判别指标理论研究[J].煤炭科学技术,2012,40(3):1-5.

[133] 王猛,肖同强,高杰,等.基于煤岩结构面剪切作用下半煤岩巷变形机制及控制研究[J].采矿与安全工程学报,2017,34(3):527-534.

[134] 王明,方新秋,许瑞强,等.大孔径超长定向钻孔综合瓦斯抽采技术[J].煤炭工程,2011,43(5):46-48.

[135] 王伟,程远平,袁亮,等.深部近距离上保护层底板裂隙演化及卸压瓦斯抽采时效性[J].煤炭学报,2016,41(1):138-148.

[136] 王晓振,焦殿志,季英明,等.关键层移动对地面瓦斯抽采孔的影响及防护孔对策[J].煤炭科学技术,2017,45(5):81-85,147.

[137] 王应德.近距离上保护层开采瓦斯治理技术[J].煤炭科学技术,2008,36(7):48-50.

[138] 文虎,樊世星,卢平,等.煤层群上保护层开采保护效果现场考察[J].煤矿安全,2018,49(3):155-159.

[139] 吴财芳,曾勇,秦勇.煤与瓦斯共采技术的研究现状及其应用发展[J].中国矿业大学学报,2004,33(2):137-140.

[140] 吴拥政,康红普.煤柱留巷定向水力压裂卸压机理及试验[J].煤炭学报,2017,42(5):1130-1137.

[141] 吴玉华,杨亚黎.皖北矿区突出煤层群赋存条件下瓦斯综合治理技术实践[J].煤矿安全,2018,49(2):55-58,62.

[142] 肖东辉,苏军康,克里斯 弗睿尔.VLD-1000定向钻机在构造软煤层中的成功应用[J].煤炭技术,2015,34(6):229-232.

[143] 谢小平,方新秋,梁敏富.顶板千米定向钻孔瓦斯抽采技术[J].煤矿安全,2013,44(7):60-62.

[144] 谢小平.高瓦斯煤层群薄煤层上保护层开采卸压机理及应用研究[D].徐州:中国矿业大学,2014.

[145] 谢小平,艾德春,方新秋,等.薄煤层保护层卸压开采技术[M].徐州:中国矿业大学出版社,2017.

[146] 谢小平,刘衍利,艾德春,等.薄煤层切顶卸压无煤柱沿空留巷技术研究[J].煤炭技术,2017,36(5):36-38.

[147] 谢小平,黄宇琪,胡才梦.断层附近"三软"煤层矿压显现规律的相似模拟研究[J].矿业安全与环保,2019,46(4):45-48.

[148] 谢小平,刘洪洋,梁敏富.半煤岩工作面保护层开采的卸压机理及回采设备选型[J].煤炭科学技术,2019,47(3):168-174.

[149] 谢小平,魏中举,梁敏富.半煤岩保护层无煤柱开采的全面卸压机理及应用研究[J].煤矿安全,2019,50(11):24-27.

[150] 谢小平,耿耀强.顶板千米定向钻孔在高瓦斯煤层群瓦斯抽采中的应用[J].煤炭工程,2019,51(12):101-105.

[151] 谢小平,刘晓宁,梁敏富.基于UDEC数值模拟实验的保护层无煤柱全面卸压开采分析[J].煤矿安全,2020,51(2):208-212.

[152] 徐光,许家林,吕维赟,等.采空区顶板导水裂隙侧向边界预测及应用研究[J].岩土工程学报,2010,32(5):724-730.

[153] 许家林,钱鸣高.地面钻井抽放上覆远距离卸压煤层气试验研究[J].中国矿业大学学报,2000,29(1):78-81.

[154] 许家林,钱鸣高,金宏伟.基于岩层移动的"煤与煤层气共采"技术研究[J].煤炭学报,2004,29(2):129-132.

[155] 许家林.煤矿绿色开采[M].徐州:中国矿业大学出版社,2011.

[156] 许家林,朱卫兵,王晓振.基于关键层位置的导水裂隙带高度预计方法[J].煤炭学报,2012,37(5):762-769.

[157] 许家林.岩层采动裂隙演化规律与应用[M].2版.徐州:中国矿业大学出版社,2016.

[158] 许家林.煤矿绿色开采20年研究及进展[J].煤炭科学技术,2020,48(9):1-15.

[159] 薛俊华.近距离高瓦斯煤层群大采高首采层煤与瓦斯共采[J].煤炭学报,2012,37(10):1682-1687.

[160] 闫卫红.定向顺层长钻孔瓦斯抽采效果分析[J].煤炭技术,2017,36(12):164-165.

[161] 杨贺,邱黎明,汪皓,等.远距离下保护层开采上覆煤岩层采动应力场数值模拟研究[J].工矿自动化,2017,43(6):37-41.

[162] 杨柳.上保护层开采卸压数值模拟与保护效果考察[J].煤矿安全,2011,42(7):129-131.

[163] 杨朋,华心祝,李迎富,等.深井复合顶板条件下沿空留巷充填体水平方向稳定性分析[J].岩土力学,2018,39(增刊1):405-411.

[164] 杨晓杰,侯定贵,康欢欢,等.切顶卸压自动成巷的离散元数值模拟[J].金属矿山,2016(7):94-98.

[165] 叶根喜,朱权洁,李舒霞,等.千米深井沿空留巷复合充填体研制与应用[J].采矿与安全工程学报,2016,33(5):787-794.

[166] 伊丙鼎,吕华文.煤岩体定向圆形孔楔形切槽水力压裂起裂分析研究[J].煤矿开采,2017,22(1):11-14.

[167] 殷伟,陈志维,周楠,等.充填采煤沿空留巷顶板下沉量预测分析[J].采矿与安全工程学报,2017,34(1):39-46.

[168] 于斌,段宏飞.特厚煤层高强度综放开采水力压裂顶板控制技术研究[J].岩石力学与工程学报,2014,33(4):778-785.

[169] 于不凡.煤矿瓦斯灾害防治及利用技术手册[M].北京:煤炭工业出版社,2000.

[170] 余伟健,吴根水,刘海,等.薄煤层开采软弱煤岩体巷道变形特征与稳定控制[J].煤炭学报,2018,43(10):2668-2678.

[171] 袁超峰,袁永,朱成,等.薄直接顶大采高综采工作面切顶留巷合理参数研究[J].煤炭学报,2019,44(7):1981-1990.

[172] 袁亮.高瓦斯矿区复杂地质条件安全高效开采关键技术[J].煤炭学报,2006,31(2):174-178.

[173] 袁亮.留巷钻孔法煤与瓦斯共采技术[J].煤炭学报,2008,33(8):898-902.

[174] 袁亮,郭华,沈宝堂,等.低透气性煤层群煤与瓦斯共采中的高位环形裂隙体[J].煤炭学报,2011,36(3):357-365.

[175] 袁亮.煤与瓦斯共采[M].徐州:中国矿业大学出版社,2016:29-38.

[176] 袁亮,姜耀东,何学秋,等.煤矿典型动力灾害风险精准判识及监控预警关键技术研究进展[J].煤炭学报,2018,43(2):306-318.

[177] 张刚.煤矿机械设备中故障诊断技术的应用分析[J].煤矿机械,2018,39(4):129-131.

[178] 张广超,吴涛,吴继鲁,等.综放工作面沿空掘巷顶煤挤压破裂机理与控制技术[J].煤炭科学技术,2019,47(5):95-100.

[179] 张科学,张永杰,马振乾,等.沿空掘巷窄煤柱宽度确定[J].采矿与安全工程学报,2015,32(3):446-452.

[180] 张磊.保护层开采保护范围的确定及影响因素分析[J].煤矿安全,2019,50(7):

205-210.

[181] 张明杰,范豪杰,田加加,等.远距离极薄煤层下保护层开采防突效果研究[J].煤炭科学技术,2017,45(3):67-72.

[182] 张书军,徐学锋.深孔爆破切顶卸压控制沿空掘巷围岩变形技术研究[J].煤炭工程,2018,50(3):57-59,62.

[183] 张帅,张继周,李剑锋,等.大采深切顶卸压沿空掘巷技术[J].煤炭工程,2017,49(12):77-79,82.

[184] 张永将,黄振飞,李成成.高压水射流环切割缝自卸压机制与应用[J].煤炭学报,2018,43(11):3016-3022.

[185] 张永将,孟贤正,季飞.顺层长钻孔超高压水力割缝增透技术研究与应用[J].矿业安全与环保,2018,45(5):1-5,11.

[186] 张永将,黄振飞,季飞.基于水力割缝卸压的煤岩与瓦斯动力灾害防控技术[J].煤炭科学技术,2021,49(4):133-141.

[187] 张煜铖.汇能煤矿三机选型及设备配套[J].煤矿机械,2018,39(1):104-105.

[188] 张源,万志军,李付臣,等.不稳定覆岩下沿空掘巷围岩大变形机理[J].采矿与安全工程学报,2012,29(4):451-458.

[189] 郑西贵,姚志刚,张农.掘采全过程沿空掘巷小煤柱应力分布研究[J].采矿与安全工程学报,2012,29(4):459-465.

[190] 郑西贵,安铁梁,郭玉,等.原位煤柱沿空留巷围岩控制机理及工程应用[J].采矿与安全工程学报,2018,35(6):1091-1098.

[191] 钟耀华,谢文兵,谢小平,等.薄煤层保护层无煤柱煤与瓦斯共采技术研究[J].煤炭工程,2014,46(2):9-11.

[192] 周华东,许家林,胡国忠,等.综采工作面初采期局部高抽巷瓦斯治理效果分析[J].煤炭科学技术,2012,40(5):55-59.

[193] 周建峰,崔巍.两硬薄煤层沿空留巷巷旁充填支护技术[J].煤炭科学技术,2014,42(4):19-22,26.